SOLIDWORKS 2024 中文版快速入门实例教程

胡仁喜　刘昌丽　编著

U0279089

机械工业出版社
CHINA MACHINE PRESS

本书结合具体实例，由浅入深、从易到难地介绍了SOLIDWORKS 2024知识的精髓，并讲解了SOLIDWORKS 2024在工程设计中的应用。本书按知识结构分为8章，包括SOLIDWORKS 2024概述、草图绘制、基础特征建模、附加特征建模、辅助特征工具、曲线和曲面、装配体设计、工程图设计。

本书配备了随书电子资料，内容为书中实例源文件及主要实例操作过程的视频动画文件。

本书适合作为各级学校和培训机构相关专业学员的教学和自学辅导书，也可以作为机械和工业设计相关人员的学习参考书。

图书在版编目（CIP）数据

SOLIDWORKS 2024中文版快速入门实例教程/胡仁喜，刘昌丽编著 . —北京：机械工业出版社，2024.4
ISBN 978-7-111-75553-1

Ⅰ . ①S… Ⅱ . ①胡…②刘… Ⅲ . ①机械设计－计算机辅助设计－应用软件－教材 Ⅳ . ① TH122

中国国家版本馆 CIP 数据核字（2024）第 071274 号

机械工业出版社（北京市百万庄大街 22 号 邮政编码 100037）
策划编辑：王 珑 责任编辑：王 珑
责任校对：高凯月 李 杉 责任印制：任维东
北京中兴印刷有限公司印刷
2024 年 6 月第 1 版第 1 次印刷
184mm×260mm ·18 印张·453 千字
标准书号：ISBN 978-7-111-75553-1
定价：69.00 元

电话服务 网络服务
客服电话：010-88361066 机 工 官 网：www.cmpbook.com
010-88379833 机 工 官 博：weibo.com/cmp1952
010-68326294 金 书 网：www.golden-book.com
封底无防伪标均为盗版 机工教育服务网：www.cmpedu.com

前言

SOLIDWORKS 是基于 Windows 系统开发的，以参数化特征造型为基础，具有功能强大、易学、易用等特点的三维 CAD 软件。作为当前应用普遍的三维 CAD 软件之一，SOLIDWORKS 已经逐渐成为主流三维机械设计软件，其强大的绘图功能、空前的易用性，以及一系列旨在提升设计效率的新特性，不断推进其在三维设计方面的应用，也加速了整个三维机械设计的发展。许多高等院校也将 SOLIDWORKS 用作本科生教学和课程设计的首选软件。

本书有以下 5 大特色：

- 编者权威：编者有着多年的计算机辅助设计领域工作经验和教学经验。
- 实例专业：书中的很多实例本身就是工程设计项目案例，再经过编者精心提炼和改编，不仅保证了读者能够学好知识点，更重要的是还能帮助读者掌握实际设计的操作技能。
- 提升技能：本书从全面提升 SOLIDWORKS 设计能力的角度出发，能够真正让读者懂得计算机辅助设计，并能够独立地完成各种工程设计。
- 快速掌握：本书在有限的篇幅内，由浅入深地介绍了 SOLIDWORKS 常用的全部功能，内容涵盖了草图绘制、基础特征建模、附加特征建模、辅助特征工具、曲线和曲面、装配体设计、工程图设计等知识，可使读者由入门快速到精通。
- 知行合一：本书结合大量的工程设计实例，详细讲解了 SOLIDWORKS 的知识要点，让读者在学习案例的过程中，能够循序渐进地掌握软件的操作技巧，同时具备工业设计的实践能力。

全书分为 8 章，分别介绍了 SOLIDWORKS 2024 概述、草图绘制、基础特征建模、附加特征建模辅助特征工具、曲线和曲面、装配体设计、工程图设计。在实例中，本书全面介绍了各种机械零件、装配图和工程图的设计方法与技巧，并在讲解的过程中，注意由浅入深，从易到难。全书解说翔实，图文并茂，语言简洁，思路清晰。

随书电子资料包含了全书所有实例的源文件和操作过程的视频讲解动画。读者可以登录百度网盘（地址 https://pan.baidu.com/s/15pDDW48SGVQXleVv2Jh6uQ）（密码：swsw）或者扫描下边的二维码进行下载。

　　本书由河北交通职业技术学院的胡仁喜博士和石家庄三维书屋文化传播有限公司的刘昌丽老师编写。其中胡仁喜执笔编写了第 1~6 章，刘昌丽执笔编写了第 7、8 章。

　　由于编者水平有限，书中不足之处在所难免，望广大读者登录联系 714491436@qq.com 予以指正，编者将不胜感激，也欢迎加入三维书屋图书学习交流 QQ 群：814799307 交流。

编　者

目录

第 1 章　SOLIDWORKS 2024 概述

 导读

　　SOLIDWORKS 是易学易用的标准的三维设计软件，具有全面的实体建模功能，可以生成各种实体，广泛地应用在各种行业。它采用了大家所熟悉的 Microsoft Windows 图形用户界面。使用这套简单易学的工具，机械设计工程师能快速地按照其设计思想绘制出草图，并运用特征与尺寸绘制模型实体、装配体及详细的工程图。SOLIDWORKS 将产品设计置于 3D 空间环境中进行，应用范围广泛，可以应用于机械零件设计、装配体设计、电子产品设计、钣金设计和模具设计行业，如机械设计、工业设计、飞行器设计、电子设计、消费品设计、通信器材设计和汽车制造设计等。

　　本章简要介绍了 SOLIDWORKS 的一些基本操作，是使用 SOLIDWORKS 必须要学握的基础知识。主要目的是使读者了解 SOLIDWORKS 的系统属性，以及建模前的系统设置。

◎ 基本操作
◎ SOLIDWORKS 用户界面
◎ 工作环境设置

1.1 基本操作

SOLIDWORKS 2024 不但改善了传统机械设计的模式,而且具有强大的建模功能及参数设计功能。此外,其在创新性、使用的方便性以及界面的人性化等方面都得到了增强,从而大大缩短了产品设计的时间,提高了产品设计的效率。

SOLIDWORKS 2024 在用户界面、草图绘制、特征、零件、装配体、工程图、出详图、钣金设计、输出和输入以及网络协同等方面都得到了增强,比原来的版本增强了 250 个以上的用户功能,使用户可以更方便地使用该软件。

1.1.1 启动 SOLIDWORKS 2024

SOLIDWORKS 2024 安装完成后,就可以启动该软件了。在 Windows11 操作环境下,在菜单栏中选择"开始"→"所有应用"→"SOLIDWORKS 2024"命令,或者双击桌面上的快捷方式按钮🔲,就可以启动该软件。图 1-1 所示为 SOLIDWORKS 2024 的启动画面。

启动画面消失后,系统进入 SOLIDWORKS 2024 初始界面。初始界面中只有几个菜单栏和标准工具栏,如图 1-2 所示。

图 1-1 SOLIDWORKS 2024 启动画面

1.1.2 新建文件

建立新模型前,需要建立新的文件。新建文件的操作步骤如下:

1)执行命令。在菜单栏中选择"文件"→"新建"命令,或者单击左上角的按钮📄,执行新建文件命令。

2)选择文件类型。系统弹出如图 1-3 所示的"新建 SOLIDWORKS 文件"对话框。在该对话框中有 3 个图标,分别是零件、装配体及工程图图标。单击该对话框中需要创建文件类型的图标,然后单击"确定"按钮,就可以建立相应类型的文件。

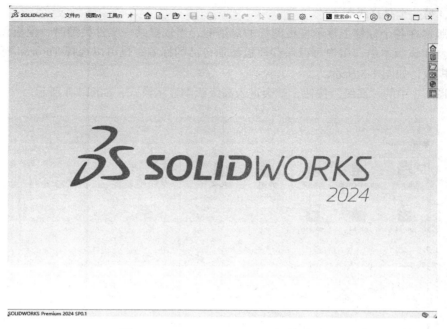

图 1-2　SOLIDWORKS 2024 初始界面

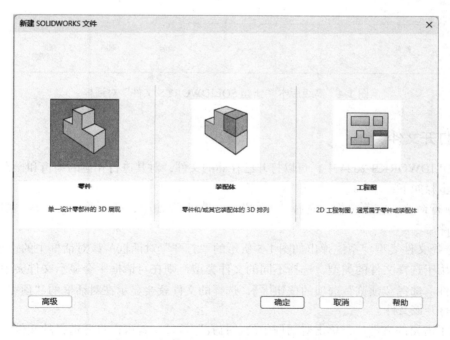

图 1-3　"新建 SOLIDWORKS 文件"对话框

不同类型的文件，其工作环境是不同的，SOLIDWORKS 提供了不同文件的默认工作环境，对应着不同的文件模板。当然用户也可以根据自己的需要修改其设置。

在 SOLIDWORKS 2024 中，新建 SOLIDWORKS 文件对话框有两个版本可供选择：一个是

新手版本，另一个是高级版本。

高级版本在各个标签上显示模板图标的对话框，当选择某一文件类型时，模板预览出现在预览框中。在该版本中，用户可以保存模板添加自己的标签，也可以选择 Tutorial 标签来访问指导教程模板，如图 1-3 所示。

单击图 1-3 中的"高级"按钮，就会进入高级版本显示模式，如图 1-4 所示。

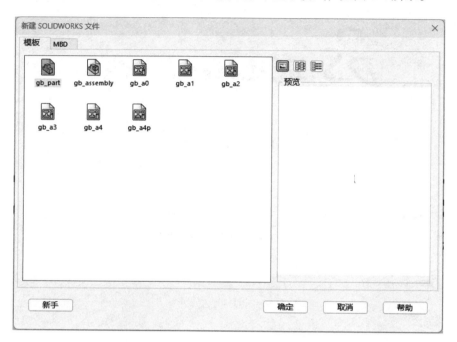

图 1-4   高级版本"新建 SOLIDWORKS 文件"对话框

1.1.3   打开文件

在 SOLIDWORKS 2024 中，可以打开已存储的文件，对其进行相应的编辑和操作。打开文件的操作步骤如下：

1）执行命令。在菜单栏中选择"文件"→"打开"命令，或者单击"打开"按钮 🖻，执行打开文件命令。

2）选择文件类型。系统弹出如图 1-5 所示的"打开"对话框。该对话框中的"文件类型"下拉菜单用于选择文件的类型，选择不同的文件类型，则在对话框中会显示文件夹中对应文件类型的文件。选择"预览"选项的按钮 📇，选择的文件就会显示在对话框的"预览"窗口中，但是并不打开该文件。

选取了需要的文件后，单击对话框中的"打开"按钮，就可以打开选择的文件，对其进行相应的编辑和操作。

在"文件类型"下拉菜单中并不只有 SOLIDWORKS 类型的文件，如 *.sldprt、*.sldasm 和 *.slddrw。SOLIDWORKS 还可以调用其他软件所形成的图形对其进行编辑，图 1-6 所示为 SOLIDWORKS 可以打开的其他类型文件。

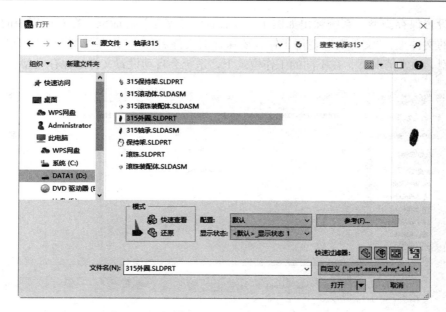

图 1-5 "打开"对话框

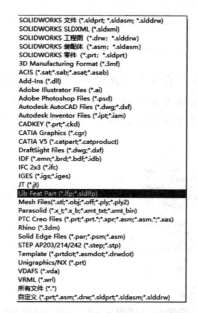

图 1-6 打开"文件类型"列表

1.1.4 保存文件

已编辑的图形只有保存起来，在需要时才能打开该文件对其进行相应的编辑和操作。保存文件的操作步骤如下：

（1）执行命令。在菜单栏中选择"文件"→"保存"命令，或者单击"保存"按钮 ▐，执行保存文件命令。

（2）设置保存类型。系统弹出如图 1-7 所示的"另存为"对话框。在对话框中的用于选择文件存放的文件夹，"文件名"栏用于输入要保存的文件名称，"保存类型"栏用于选择所保存文件的类型。通常情况下，在不同的工作模式下，系统会自动设置文件的保存类型。

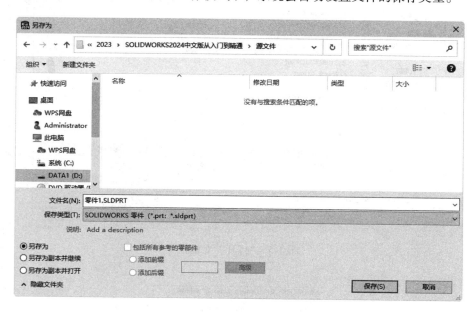

图 1-7　"另存为"对话框

在"保存类型"下拉菜单中并不只有 SOLIDWORKS 类型的文件，如 *.sldprt、*.sldasm 和 *.slddrw。也就是说，SOLIDWORKS 不但可以把文件保存为自身的类型，还可以保存为其他类型的文件，方便其他软件对其调用并进行编辑。图 1-8 所示为 SOLIDWORKS 可以保存为其他文件的类型。

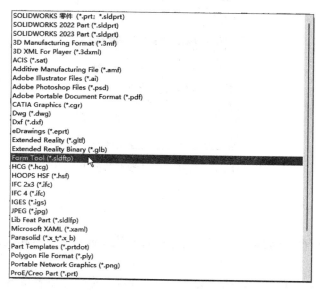

图 1-8　保存文件类型

在图 1-7 所示的"另存为"对话框中，可以在保存文件的同时保存一份备份文件。保存备份文件，需要预先设置保存的文件目录。设置备份文件保存目录的步骤如下：

1）执行命令。在菜单栏中选择"工具"→"选项"命令。

2）设置保存目录。系统弹出如图 1-9 所示的"系统选项 - 备份 / 恢复"对话框，单击对话框中的"备份 / 恢复"选项，在右侧"备份"中可以修改保存备份文件的目录。

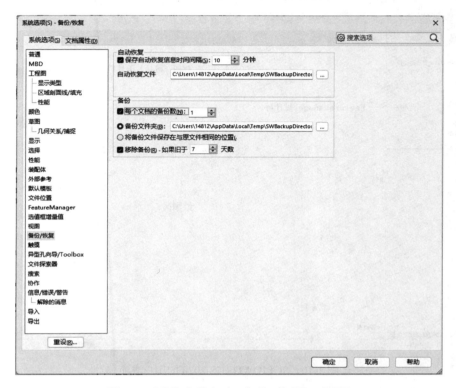

图 1-9 "系统选项（S）- 备份 / 恢复"对话框

1.2 SOLIDWORKS 用户界面

SOLIDWORKS 的用户界面包括菜单栏、工具栏、任务窗格及状态栏等。后面章节将详细讲解。

新建一个零件文件后，SOLIDWORKS 2024 的用户界面如图 1-10 所示。

装配体文件和工程图文件与零件文件的用户界面类似，在此不再一一罗列。

用户界面包括菜单栏、工具栏以及状态栏等。菜单栏中包含了所有的 SOLIDWORKS 命令，工具栏可根据文件类型（零件、装配体或工程图）来调整和放置并设定其显示状态，而 SOLID-WORKS 窗口底部的状态栏则可以提供设计人员正执行的功能有关的信息。下面分别介绍该操作界面的一些基本功能。

（1）菜单栏：显示在标题栏的下方。默认情况下菜单栏是隐藏的，它的视图只显示工具栏按钮，如图 1-11 所示。要显示菜单栏，需要将光标移动到 SOLIDWORKS 徽标 ⅔ SOLIDWORKS ▸ 并单

击它，如图 1-12 所示，若要始终保持菜单栏可见，需要将"图钉"按钮➡更改为钉住状态✒，其中最关键的功能集中在"插入"与"工具"菜单中。

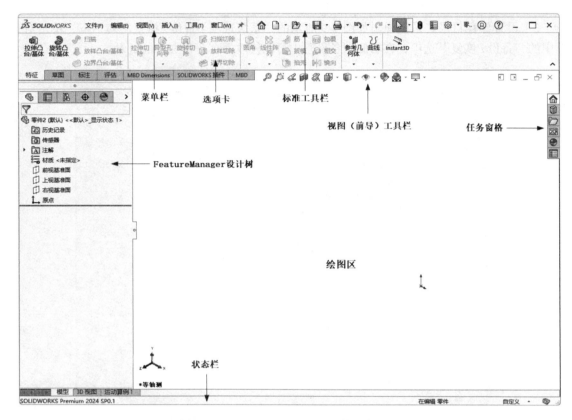

图 1-10　SOLIDWORKS 2024 的用户界面

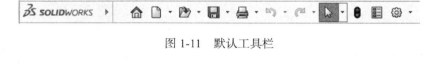

图 1-11　默认工具栏

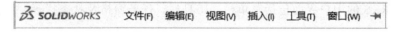

图 1-12　菜单栏

　　通过单击工具按钮旁边的下移方向键，可以扩展以显示带有附加功能的弹出菜单。这样可以访问工具栏中的大多数文件菜单命令。例如，保存弹出菜单包括"保存""另存为"和"保存所有"，如图 1-13 所示。

　　SOLIDWORKS 的菜单项对应于不同的工作环境，相应的菜单以及其中的选项会有所不同。在以后应用中会发现，当进行一定任务操作时，不起作用的菜单命令会临时变灰，此时将无法应用该菜单命令。如果选择保存文档提示，则当文档在指定间隔（分钟或更改次数）内保存时，将出现一个透明信息框，其中包含了保存当前文档或所有文档的命令，它将在几秒后将淡化消失，如图 1-14 所示。

图 1-13　弹出菜单

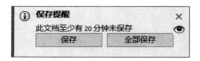

图 1-14　未保存文档通知

（2）工具栏：SOLIDWORKS 有很多可以按需要显示或隐藏的内置工具栏。选择菜单栏中的"视图"→"工具栏"命令，或者在视图工具栏中右击，将显示如图 1-15 所示的"工具栏"菜单项，选择"自定义"命令，在已经打开的"自定义"对话框中单击"视图"，会出现浮动的"视图"工具栏，这样便可以自由拖动放置在需要的位置上。此外，还可以设定哪些工具栏在没有文件打开时可显示。或者可以根据文件类型（零件、装配体或工程图）来放置工具栏并设定其显示状态（自定义、显示或隐藏）。例如，保持"自定义命令"对话框将打开，在 SOLIDWORKS 窗口中，便可将工具按钮从工具栏上一个位置拖动到另一位置；从一工具栏拖动到另一工具栏；从工具栏拖动到图形区域中以从工具栏上将其移除。

图 1-15　"工具栏"菜单项

在使用工具栏中的命令时，将光标移动到工具栏中的图标附近，会弹出一个窗口来显示该工具的名称及相应的功能，如图 1-16 所示，显示一段时间后，该内容提示会自动消失。

（3）状态栏：位于 SOLIDWORKS 窗口底端的水平区域，提供关于当前正在窗口中编辑的内容的状态，以及光标位置坐标、草图状态等信息。典型的信息包括：

1）重建模型按钮 ⬛：表示在更改了草图或零件而需要重建模型时，重建模型符号会显示在

状态栏中。

2）草图状态：在编辑草图过程中，状态栏会出现 5 种状态，即完全定义、过定义、欠定义、没有找到解、发现无效的解。在考虑零件完成之前，最好应该完全定义草图。

图 1-16 "草图工具栏"中的消息提示

（4）FeatureManager 设计树：位于 SOLIDWORKS 窗口的左侧，是 SOLID-WORKS 窗口中比较常用的部分，它提供了激活的零件、装配体或工程图的大纲视图，从而可以很方便地查看模型或装配体的构造情况，或者查看工程图中的不同图样和视图。

FeatureManager 设计树和图形区域是动态链接的。在使用时可以在任何窗格中选择特征、草图、工程视图和构造几何线。FeatureManager 设计树就是用来组织和记录模型中的各个要素及要素之间的参数信息和相互关系，以及模型、特征和零件之间的约束关系等，几乎包含了所有设计信息。FeatureManager 设计树的内容如图 1-17 所示。

FeatureManager 设计树的功能主要有以下几种：

1）以名称来选择模型中的项目，即可以通过在模型中选择其名称来选择特征、草图、基准面及基准轴。SOLIDWORKS 在这一项中很多功能与 Window 操作界面类似，如在选择的同时按住 Shift 键，可以选取多个连续项目，在选择的同时按住 Ctrl 键可以选取非连续项目。

2）确认和更改特征的生成顺序。在 FeatureManager 设计树中利用拖动项目可以重新调整特征的生成顺序，这将更改重建模型时特征重建的顺序。

3）通过双击特征的名称可以显示特征的尺寸。

4）如果要更改项目的名称，在名称上缓慢单击两次以选择该名称，然后输入新的名称即可，如图 1-18 所示。

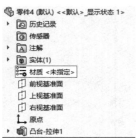

图 1-17　FeatureManager 设计树

图 1-18　在 FeatureManager 设计树中更改项目名称

5）压缩和解除压缩零件特征和装配体零部件，在装配零件时是很常用的。同样，如果要选择多个特征，可在选择的时候按住 Ctrl 键。

6）右击清单中的特征，然后选择父子关系，以便查看父子关系。

7）右击，在树显示里还可显示如下项目：特征说明、零部件说明、零部件配置名称、零部件配置说明等。

8）将文件夹添加到 FeatureManager 设计树中。

对 FeatureManager 设计树的操作是熟练应用 SOLIDWORKS 的基础，也是应用 SOLID-WORKS 的重点，但由于功能强大，至此不能一一列举，在以后的章节中会多次用到。只有在学习的过程中熟练应用设计树的功能，才能加快建模的速度和效率。

（5）属性管理器标题栏：一般会在初始化刚使用属性管理器为其定义的命令时自动出现。编辑一草图并选择一草图特征进行编辑，所选草图特征的属性管理器将自动出现。

激活属性管理器时，弹出的 FeatureManager 设计树会自动出现。欲扩展弹出的 Feature-Manager 设计树，可以在弹出的 FeatureManager 设计树中单击文件名称"▶"标签。弹出的 FeatureManager 设计树是透明的，因此不影响对其下模型的修改。

1.3　工作环境设置

要熟练地使用一套软件，必须先认识软件的工作环境，然后设置适合自己的使用环境，这样可以使设计更加便捷。SOLIDWORKS 软件同其他软件一样，可以根据自己的需要显示或者隐藏工具栏，以及添加或者删除工具栏中的命令按钮，还可以根据需要设置零件、装配体和工程图的工作界面。

1.3.1　设置工具栏 / 选项卡

SOLIDWORKS 系统默认的工具栏是比较常用的，SOLIDWORKS 有很多工具栏，但由于绘图区域限制，不能显示所有的工具栏。

在建模过程中，用户可以根据需要显示或者隐藏部分工具栏，设置方法有以下两种。

1. 利用菜单命令设置工具栏

1）执行命令。在菜单栏中选择"工具"→"自定义"命令，或者在工具栏区域右击，在弹出的快捷菜单中选择"自定义"选项，此时系统弹出如图 1-19 所示的"自定义"对话框。

2）设置工具栏。选择对话框中的"工具栏"标签，此时会出现系统所有的工具栏，勾选需要的工具栏。

3）确认设置。单击对话框中的"确定"按钮，操作界面上会显示已选择的工具栏。

如果要隐藏已经显示的工具栏，单击已经勾选的工具栏，则取消勾选，然后单击"确定"按钮，此时操作界面上会隐藏取消勾选的工具栏。

2. 利用鼠标右键设置工具栏

1）执行命令。在操作界面的工具栏中右击，系统会出现快捷菜单，如图 1-20 所示。移动光标到"工具栏"处，系统会弹出"工具栏"下拉列表，如图 1-20 所示。

2）设置工具栏。单击需要的工具栏，工具栏名称的颜色会加深，则操作界面上会显示选择的工具栏。

如果单击已经显示的工具栏，工具栏名称的颜色会变浅，操作界面上会隐藏选择的工具栏。

另外，隐藏工具栏还有一个简便的方法，即将界面中不需要的工具用光标拖到绘图区域中，此时工具栏上会出现标题栏，如图 1-21 所示为拖到绘图区域中的"注解"工具栏，然后单击工具栏右上角的"关闭"按钮 ⊠ ，则在操作界面中将隐藏该工具栏。

图 1-19 "自定义"对话框

图 1-20 "工具栏"快捷菜单

图 1-21 "注解"工具栏

 注意：

当选择显示或者隐藏的工具栏时，对工具栏的设置会应用到当前激活的 SOLIDWORKS 文件类型中。

3.利用鼠标右键设置选项卡

1）执行命令。在操作界面的工具栏或选项卡中右击，系统会出现设置"选项卡"的快捷菜单，如图 1-22 所示。

2）设置工具栏。单击需要的选项卡，会在该选项卡前增加勾选复选框，则操作界面上会显示选择的选项卡。

如果单击已经显示的选项卡，该选项卡前的勾选复选框会取消，则操作界面上会隐藏选择的选项卡。

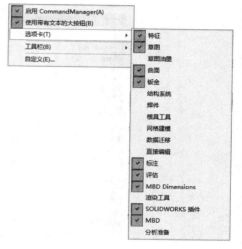

图 1-22 "选项卡"快捷菜单

1.3.2 设置工具栏 / 选项卡命令按钮

系统默认工具栏中的命令按钮，有时不是所用的命令按钮，可以根据需要添加或者删除命令按钮。

设置工具栏命令按钮的操作步骤如下：

1）执行命令。在菜单栏中选择"工具"→"自定义"命令，或者在工具栏区域右击，在弹出的快捷菜单中选择"自定义"选项，此时系统弹出"自定义"对话框。

2）设置命令按钮。单击选择该对话框中的"命令"标签，此时会出现如图 1-23 所示的命令标签的类别和按钮选项。

3）在"工具栏"选项选择命令所在的工具栏，此时会在"按钮"选项出现该工具栏中所有的命令按钮。

4）在"按钮"选项中单击选择要增加的命令按钮，按住鼠标左键拖动该按钮到要放置的工具栏上，然后放开鼠标左键。

5）确认添加的命令按钮。单击对话框中的"确定"按钮，则工具栏上会显示添加的命令按钮。

如果要删除无用的命令按钮，只要打开"自定义"对话框中的"命令"选项，然后在要删除的按钮上单击，并按住鼠标左键拖动到绘图区，就可以删除该工具栏中的命令按钮。

例如，在"草图"工具栏中添加"椭圆"命令按钮。首先在菜单栏中选择"工具"→"自定义"命令，进入"自定义"对话框，然后选择"命令"标签，在左侧"工具栏"选项栏中选择"草图"工具栏。在"按钮"栏中单击，选择"椭圆"命令按钮⊙，按住鼠标左键将其拖到

"草图"工具栏中合适的位置，然后放开左键，该命令按钮即添加到工具栏中。图 1-24 所示为添加前后"草图"工具栏的变化情况。

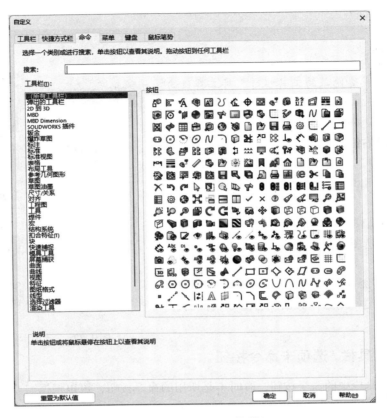

图 1-23   "自定义"对话框

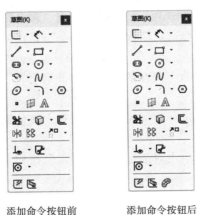

添加命令按钮前　　　　添加命令按钮后

图 1-24   添加命令按钮

选项卡中添加或者删除命令按钮的步骤同工具栏中的添加或者删除命令按钮一样，就不再进行介绍。

注意：

对工具栏添加或者删除命令按钮时，对工具栏的设置会应用到当前激活的 SOLIDWORKS 文件类型中。

1.3.3　设置快捷键

除了使用菜单栏和工具栏中的命令按钮执行命令外，SOLIDWORKS 软件还允许用户通过自行设置快捷键方式来执行命令。步骤如下：

1）执行命令。在菜单栏中选择"工具"→"自定义"命令，或者在工具栏 / 选项卡区域右击，在弹出的快捷菜单中选择"自定义"选项，此时系统弹出"自定义"对话框。

2）设置快捷键。选择该对话框中的"键盘"标签，此时会出现如图 1-25 所示的"键盘"标签的类别和命令选项。

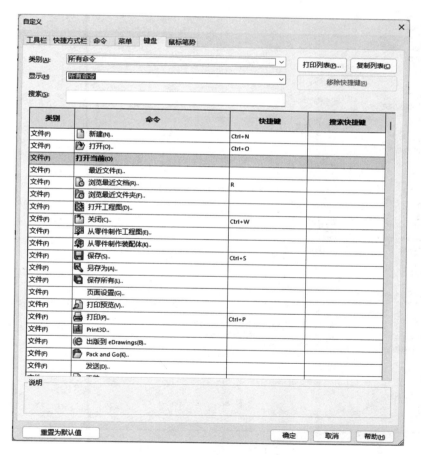

图 1-25　"自定义"对话框

3）在"类别"选项选择菜单类，然后在"命令"选项选择要设置快捷键的命令。

4）在"快捷键"栏中输入要设置的快捷键，输入的快捷键就出现在"快捷键"栏中。

5）确认设置的快捷键。单击对话框中的"确定"按钮，快捷键设置成功。

注意：

1）如果设置的快捷键已经被使用过，则系统会提示该快捷键已经被使用，必须更改要设置的快捷键。

2）如果要取消设置的快捷键，在对话框中选择"当前快捷键"栏中设置的快捷键，然后单击对话框中的"移除快捷键"按钮，则该快捷键就会被取消。

1.3.4 设置背景

在 SOLIDWORKS 中可以更改操作界面的背景及颜色，以设置个性化的用户界面。设置背景的操作步骤如下：

1）执行命令。在菜单栏中选择"工具"→"选项"命令，弹出"系统选项"对话框。

2）设置颜色。在对话框中的"系统选项"选项卡中选择"颜色"选项，如图 1-26 所示。

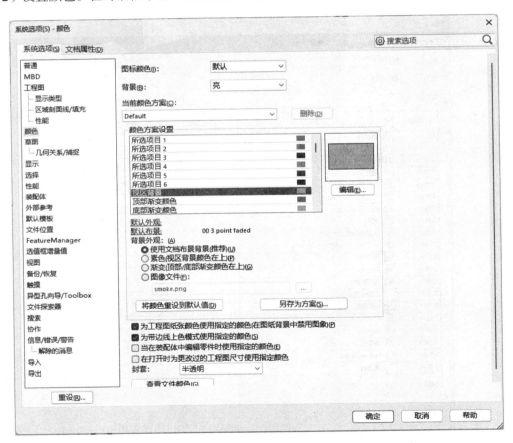

图 1-26 "系统选项"对话框

3）在右侧"颜色方案设置"栏中选择"视区背景"，然后单击"编辑"按钮，此时系统弹出如图 1-27 所示的"颜色"对话框，在其中选择要设置的颜色，然后单击"确定"按钮。也可以使用该方式设置其他选项的颜色。

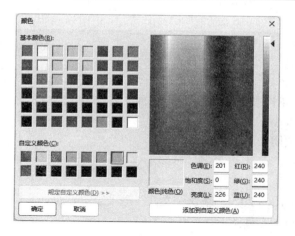

图 1-27 "颜色"对话框

4）确认背景颜色设置。单击对话框中的"确定"按钮，系统背景颜色设置成功。

在图 1-26 所示的对话框中，勾选下面 4 个不同的选项，可以得到不同的背景效果，用户可以自行设置。图 1-28 所示为一个设置了背景颜色后的效果图。

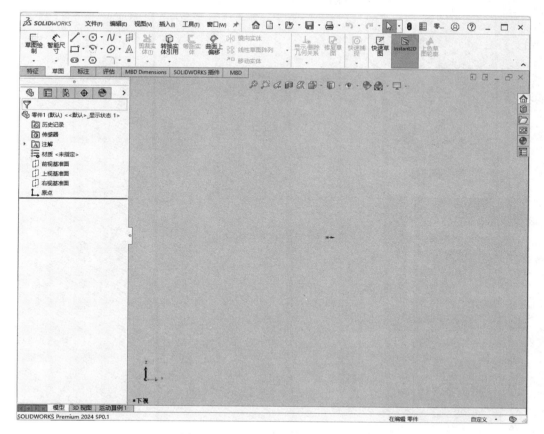

图 1-28 设置背景颜色后的效果图

1.4 上机操作

1. 熟悉操作界面

操作提示:

1) 启动 SOLIDWORKS 2024,进入绘图界面。

2) 调整操作界面大小。

3) 打开、移动、关闭工具栏。

2. 打开、保存文件

操作提示:

1) 启动 SOLIDWORKS 2024,新建一文件,进入绘图界面。

2) 打开已经保存过的零件图形。

3) 进行自动保存设置。

4) 将图形以新的名字保存。

5) 退出该图形。

6) 尝试重新打开按新名字保存的原图形。

第 2 章　草图绘制

导读

　　SOLIDWORKS 的大部分特征都是由 2D 草图绘制开始的，草图绘制在该软件的使用中占重要地位，本章将详细介绍草图的绘制方法和编辑方法。

　　草图一般是由点、线、圆弧、圆和抛物线等基本图形构成的封闭和不封闭的几何图形，是三维实体建模的基础。一个完整的草图包括几何形状、几何关系和尺寸标注等三方面的信息。能否熟练掌握草图的绘制和编辑方法，决定了能否快速三维建模、提高工程设计的效率元件是否能够把该软件灵活应用到其他领域。

◎ 草图绘制工具
◎ 草图编辑工具
◎ 草图尺寸标注
◎ 草图几何关系

2.1 草图绘制的基本知识

本节将主要介绍如何开始绘制草图，熟悉草图绘制工具栏，认识绘图光标和锁点光标，以及退出草图绘制状态。

2.1.1 进入草图绘制

绘制二维草图，必须进入草图绘制状态。草图必须在平面上绘制，这个平面可以是基准面，也可以是三维模型上的平面。由于开始进入草图绘制状态时没有三维模型，因此必须指定基准面。

绘制草图必须认识草图绘制的工具。图 2-1 所示为常用的"草图"选项卡。绘制草图可以先选择绘制的平面，也可以先选择草图绘制实体。

图 2-1 "草图"选项卡

1. 选择草图绘制实体的方式进入草图绘制状态

1）执行该命令。在菜单栏中选择"插入"→"草图绘制"命令，或者单击"草图"选项卡中的"草图绘制"按钮，或者直接单击"草图"工具栏中的"草图绘制"按钮，此时绘图区域出现如图 2-2 所示的系统默认基准面。

2）选择基准面。单击选择绘图区域中 3 个基准面之一，确定要在哪个面上绘制草图实体。

3）设置基准面方向。单击"视图（前导）"工具栏"视图定向"下拉列表中的"正视于"按钮，使基准面旋转到正视于方向，以方便绘图。

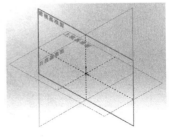

图 2-2 系统默认基准面

2. 选择草图绘制基准面的方式进入草图绘制状态

1）选择基准面。先在特征管理区中选择要绘制的基准面，即前视基准面、右视基准面和上视基准面中的一个面。

2）设置基准面方向。单击"视图（前导）"工具栏"视图定向"下拉列表中的"正视于"按钮，使基准面旋转到正视于方向。

3）执行该命令。单击"草图"选项卡中的"草图绘制"按钮，或者单击要绘制的草图实体，进入草图绘制状态。

2.1.2 退出草图绘制

草图绘制完毕后，可立即建立特征，也可以退出草图绘制再建立特征。有些特征的建立需要多个草图，如扫描实体等。因此需要了解退出草图绘制的方法。退出草图绘制的方法主要有以下几种：

1）使用菜单方式。在菜单栏中选择"插入"→"退出草图"命令，退出草图绘制状态。

2）利用工具栏按钮方式。单击快速访问工具栏中的"重建模型"按钮，或者单击"退出草图"按钮，退出草图绘制状态。

3）利用快捷菜单方式。在绘图区域右击，系统弹出如图2-3所示的快捷菜单，在其中选择"退出草图"按钮，退出草图绘制状态。

4）利用绘图区域确认角落的按钮。在绘制草图的过程中，绘图区域右上角会出现如图2-4所示的提示按钮。单击上面的图标，退出草图绘制状态。

5）单击确认角落下面的图标，系统提示框提示是否保存对草图的修改，如图2-5所示。根据需要单击系统提示框中的选项，退出草图绘制状态。

图 2-3　快捷菜单

图 2-4　确认图标

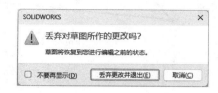

图 2-5　系统提示框

2.2　草图绘制工具

本节将介绍草图绘制的工具栏中草图绘制工具的使用方法。由于 SOLIDWORKS 中大部分特征都需要先建立草图轮廓，因此本节的学习非常重要。

2.2.1　绘制点

执行点命令后，在绘图区域中的任何位置都可以绘制点，绘制的点不影响三维建模的外形，只起参考作用。

执行异型孔向导命令后，点命令用于决定产生孔的数量。

1. 绘制点

点命令可以生成草图中两条不平行线段的交点以及特征实体中两个不平行的边缘的交点，产生的交点作为辅助图形，用于标注尺寸或者添加几何关系，并不影响实体模型的建立。

【例 2-1】以绘制图 2-6 所示的图形为例介绍点的绘制步骤。

1）新建零件草图，执行该命令。在草图绘制状态下，在菜单栏中选择"工具"→"草图绘制实体"→"点"命

图 2-6　绘制的多个点

令，或者单击"草图"选项卡中的"点"按钮 ▪ ，光标变为绘图光标✎。

2）确认绘制点位置。在绘图区域单击，确认绘制点的位置，此时"点"命令继续处于激活状态，可以继续绘制点。

图 2-6 所示为使用绘制点命令绘制的多个点。

2. 生成草图中两条不平行线段的交点

【例 2-2】以如图 2-7 所示的图形为例，生成图中直线 1 和直线 2 的交点，图 2-7a 所示为生成交点前的图形，图 2-7b 所示为生成交点后的图形。生成交点的操作步骤如下：

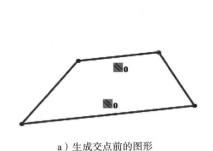

a）生成交点前的图形　　　　　　　　　　b）生成交点后的图形

图 2-7　生成草图交点图示

1）打开文件。打开随书电子资料中源文件 / 第 2 章 / 例 2-2-1.prt 文件，如图 2-7a 所示。

2）选择直线。在草图绘制状态下按住 Ctrl 键，单击图 2-7b 中的直线 1 和直线 2。

3）执行该命令。在菜单栏中选择"工具"→"草图绘制实体"→"点"命令，或者单击"草图"选项卡中的"点"按钮 ▫ ，此时草图如图 2-7b 所示。

3. 生成特征实体中两个不平行的边缘的交点

【例 2-3】以图 2-8 所示的图形为例，生成面 A 中直线 1 和直线 2 的交点。图 2-8a 所示为生成交点前的图形，图 2-8b 所示为生成交点后的图形。生成特征边线交点的操作步骤如下：

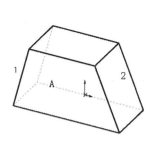

a）生成交点前的图形　　　　　b）生成交点后的图形

图 2-8　生成特征边线交点图示

1）打开文件。打开随书电子资料中源文件 / 第 2 章 / 例 2-3-1.prt 文件，如图 2-8a 所示。

2）选择特征面。选择图 2-8b 中的面 A 作为绘图面，进入草图绘制状态。

3）选择边线。按住 Ctrl 键并单击，选择图 2-8b 中的边线 1 和边线 2。

4）执行该命令。在菜单栏中选择"工具"→"草图绘制实体"→"点"命令，或者单击"草图"选项卡中的"点"按钮 ▪ ，此时如图 2-8b 所示。

2.2.2　绘制直线与中心线

直线与中心线的绘制方法相同，只要执行不同的命令，按照相同的步骤，在绘制区域绘制相应的图形即可。

直线分为 3 种类型：水平直线、竖直直线和任意角度直线。在绘制过程中，不同类型的直线的显示方式不同。

➢ 水平直线：在绘制直线过程中，笔型光标附近会出现水平直线图标符号 ━ ，如图 2-9 所示。

➢ 竖直直线：在绘制直线过程中，笔型光标附近会出现竖直直线图标符号 ▮ ，如图 2-10 所示。

➢ 任意直线：在绘制直线过程中，笔型光标附近会出现任意直线图标符号 ╱ ，如图 2-11 所示。

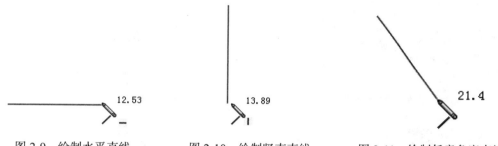

图 2-9　绘制水平直线　　　　图 2-10　绘制竖直直线　　　　图 2-11　绘制任意角度直线

在绘制直线的过程中，光标上方显示的参数为直线的长度和角度，可供参考。一般在绘制时，首先绘制一条直线，然后标注尺寸，直线也随着改变长度和角度。

绘制直线的方式有两种：拖动式和单击式。拖动式就是在绘制直线的起点按住鼠标左键开始拖动光标，直到直线终点放开；单击式就是在绘制直线的起点单击，然后在直线终点再次单击。

【例 2-4】以绘制如图 2-12 所示的图形为例，介绍中心线和直线的绘制步骤。

1）新建零件草图，执行该命令。在草图绘制状态下，在菜单栏中选择"工具"→"草图绘制实体"→"中心线"命令，或者单击"草图"选项卡中的"中心线"按钮 ╱，开始绘制中心线。

2）绘制中心线。在绘图区域单击，确定中心线的起点 1，然后移动光标到图中合适的位置，由于图中的中心线为竖直直线，所以当光标附近出现符号 ▮ 时单击，确定中心线的终点 2。

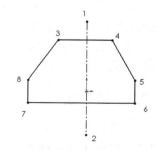

图 2-12　绘制中心线和直线

3）退出中心线绘制。按 Esc 键，或者在绘图区域右击，利用弹出的快捷菜单中的"选择"选项，退出中心线的绘制。

4）执行该命令。在菜单栏中选择"工具"→"草图绘制实体"→"直线"命令，或者单击"草图"选项卡中的"直线"按钮✐，开始绘制直线。

5）绘制直线。在绘图区域单击，确定直线的起点 3，然后移动光标到图中合适的位置，由于直线 34 为水平直线，所以当光标附近出现符号━时单击，确定直线 34 的终点 4。

6）绘制其他直线。重复以上绘制直线的步骤，绘制其他直线段，在绘制过程中要注意光标的形状，以确定是水平、竖直或者任意直线段。

7）退出直线绘制。按 Esc 键，或者在绘图区域右击，利用弹出的快捷菜单中的"选择"选项，退出直线的绘制命令。图 2-12 所示绘制完毕的图形。

在执行绘制直线命令时，系统弹出如图 2-13 所示的"插入线条"属性管理器，在"方向"设置栏中有 4 个选项，默认是"按绘制原样（S）"选项。不同选项绘制直线的类型不一样，单击"按绘制原样（S）"选项外的任意一项，会要求输入直线的参数。以"角度"为例，单击该选项，会出现如图 2-14 所示的属性管理器，要求输入直线的参数。设置好参数以后，单击直线的起点就可以绘制出所需要的直线。

图 2-13 "插入线条"属性管理器

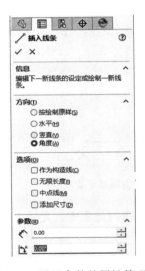

图 2-14 设置参数的属性管理器

在"插入线条"属性管理器的"选项"设置栏中有 4 个选项，选择不同的选项，可以绘制不同类型的直线或添加尺寸。

在"插入线条"属性管理器的"参数"设置栏有两个选项，分别是长度和角度。通过设置这两个参数可以绘制一条直线。

2.2.3 绘制圆

当执行圆命令时，系统弹出如图 2-15 所示的"圆"属性管理器。从该属性管理器中可以知道，圆也可以通过两种方式来绘制：一种是绘制基于中心的圆；另一种是绘制基于周边的圆。

1. 绘制基于中心的圆

【例 2-5】以绘制如图 2-16c 所示的图形为例，介绍基于中

图 2-15 "圆"属性管理器

心的圆的绘制步骤。

　　1）新建零件草图，执行该命令。在草图绘制状态下，在菜单栏中选择"工具"→"草图绘制实体"→"圆"命令，或者单击"草图"选项卡中的"圆"按钮⊙，开始绘制圆。

　　2）绘制圆心。在绘图区域单击，确定圆的圆心，如图2-16a所示。

　　3）确定圆的半径。移动光标拖出一个圆，然后单击，确定圆的半径，如图2-16b所示。

　　4）确认绘制的圆。单击"圆"属性管理器中的"确定"按钮✔，完成圆的绘制，结果如图2-16c所示。

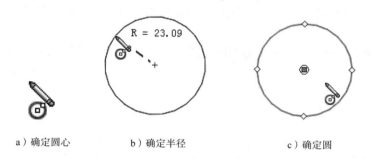

　　　　a）确定圆心　　　　　　b）确定半径　　　　　　　　c）确定圆

图2-16　基于中心的圆的绘制过程

2. 绘制基于周边的圆

【例2-6】以绘制如图2-17c所示的图形为例，介绍基于周边的圆的绘制步骤。

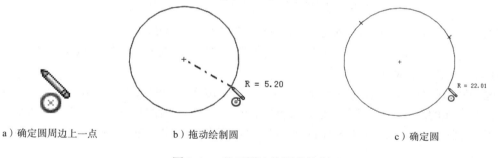

　a）确定圆周边上一点　　　　　b）拖动绘制圆　　　　　　　　c）确定圆

图2-17　基于周边的圆的绘制过程

　　1）新建零件草图，执行该命令。在草图绘制状态下，在菜单栏中选择"工具"→"草图绘制实体"→"周边圆"命令，或者单击"草图"选项卡中的"周边圆"按钮⊙，开始绘制圆。

　　2）绘制圆周边上的一点。在绘图区域单击，确定圆周边上的一点，如图2-17a所示。

　　3）绘制圆周边上的另一点。移动光标拖出一个圆，然后单击，确定圆周边上的另一点，如图2-17b所示。

　　4）绘制圆。完成拖动后，当光标变为如图2-17b所示的形状时右击，确定圆。

　　5）确定绘制的圆。单击"圆"属性管理器中的"确定"按钮✔，完成圆的绘制。

　　圆绘制后，可以通过拖动修改圆草图。光标拖动圆的周边可以改变圆的半径，拖动圆的圆心可以改变圆的位置。

圆绘制完成后，可以通过图 2-15 所示的"圆"属性管理器修改圆的属性，通过该属性管理器中的"参数"栏修改圆心坐标和圆的半径。

2.2.4 绘制圆弧

绘制圆弧的方法主要有 4 种：圆心 / 起 / 终点画弧（T）、切线弧、3 点圆弧（T）与直线命令画弧。

1. 圆心 / 起 / 终点画弧

该方法是先指定圆弧的圆心，然后顺序拖动光标指定圆弧的起点和终点，确定圆弧的大小和方向。

【例 2-7】以绘制如图 2-18c 所示的图形为例，介绍使用圆心 / 起 / 终点画弧的绘制步骤。

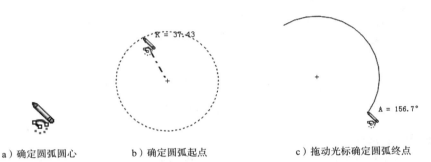

a）确定圆弧圆心　　b）确定圆弧起点　　c）拖动光标确定圆弧终点

图 2-18　使用圆心 / 起 / 终点画弧的绘制过程

1）新建零件草图，执行该命令。在草图绘制状态下，在菜单栏中选择"工具"→"草图绘制实体"→"圆心 / 起 / 终点画弧"命令，或者单击"草图"选项卡中的"圆心 / 起 / 终点画弧"按钮，开始绘制圆弧。

2）绘制圆弧的圆心。在绘图区域单击，确定圆弧的圆心，如图 2-18a 所示。

3）绘制圆弧的起点。在绘图区域合适的位置单击，确定圆弧的起点，如图 2-18b 所示。

4）绘制圆弧的终点。拖动光标确定圆弧的角度和半径并单击，确定圆弧的终点，如图 2-18c 所示。

5）确认绘制的圆弧。单击"圆弧"属性管理器中的"确定"按钮，完成圆弧的绘制。

圆弧绘制完成后，可以在圆弧的属性管理器中修改其属性。

2. 切线弧

该方法是指生成一条与草图实体相切的弧线。草图实体可以是直线、圆弧、椭圆和样条曲线等。

【例 2-8】以绘制如图 2-19 所示的图形为例，介绍切线弧的绘制步骤。

1）新建零件草图，执行该命令。在草图绘制状态下，在菜单栏中选择"工具"→"草图绘制实体"→"切线弧"命令，或单击"草图"选项卡中的"切线弧"按钮，开始绘制切线弧。

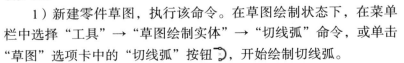

图 2-19　绘制直线的切线弧

2）选择切线弧起点。在已经存在草图实体的端点处单击，此时系统弹出如图 2-20 所示的

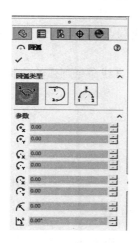

"圆弧"属性管理器，光标变为 形状。

3）绘制切线弧终点。拖动光标确定绘制圆弧的形状并单击。

4）确认绘制的切线弧。单击"圆弧"属性管理器中的"确定"按钮 ，完成切线弧的绘制。

在绘制切线弧时，系统可以从光标移动推理是需要切线弧还是法线弧。存在 4 个目的区，具有如图 2-21 所示的 8 种可能结果。沿相切方向移动指针将生成切线弧；沿垂直方向移动将生成法线弧。可以通过返回到端点，然后向新的方向移动在切线弧和法线弧之间进行切换。选择绘制的切线弧，在"圆弧"属性管理器中可以修改切线弧的属性。

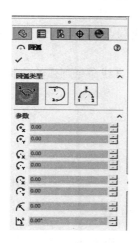

图 2-20 "圆弧"属性管理器

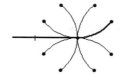

图 2-21 绘制的 8 种切线弧

 注意：

绘制切线弧时，光标拖动的方向会影响绘制圆弧的样式，因此在绘制切线弧时，光标最好沿着产生圆弧的方向拖动。

3.3 点圆弧

该方法是通过起点、终点与中点的方式绘制圆弧。

【例 2-9】以绘制如图 2-22c 所示的图形为例，介绍 3 点圆弧的绘制步骤。

1）新建零件草图，执行该命令。在草图绘制状态下，在菜单栏中选择"工具"→"草图绘制实体"→"三点圆弧"命令，或者单击"草图"选项卡中的"3 点圆弧"按钮，开始绘制圆弧，此时光标变为 形状。

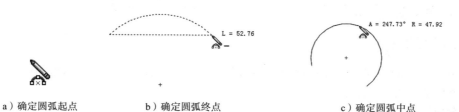

a）确定圆弧起点　　　　b）确定圆弧终点　　　　c）确定圆弧中点

图 2-22 使用 3 点圆弧的绘制过程

2）绘制圆弧起点。在绘图区域单击，确定圆弧的起点，如图 2-22a 所示。

3）绘制圆弧的终点。拖动光标到圆弧结束的位置并单击，确定圆弧终点，如图 2-22b 所示。

4）绘制圆弧的中点。拖动光标确定圆弧的半径和方向并单击，确定圆弧中点，如图 2-22c 所示。

5）确认绘制的圆弧。单击"圆弧"属性管理器中的"确定"按钮 ✔，完成 3 点圆弧的绘制。

选择绘制的 3 点圆弧，然后在"圆弧"属性管理器中可以修改 3 点圆弧的属性。

4.直线命令画弧

直线命令除了可以绘制直线外，还可以绘制连接在直线端点处的切线弧。使用该命令，必须首先绘制一条直线，然后才能绘制圆弧。

【例 2-10】以绘制如图 2-23c 所示的图形为例，介绍使用直线命令画弧的绘制步骤。

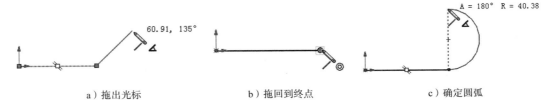

a）拖出光标　　　　　　　　b）拖回到终点　　　　　　　　c）确定圆弧

图 2-23　使用直线命令绘制圆弧的过程

1）设置新建零件草图，执行直线命令。在草图绘制状态下，在菜单栏中选择"工具"→"草图绘制实体"→"直线"命令，或者单击"草图"选项卡中的"直线"按钮 ✏，绘制一条直线。

2）设置绘制圆弧。在不结束绘制直线命令的情况下，将光标稍微向旁边拖动，如图 2-23a 所示。

3）拖回到直线终点。将光标拖回到直线的终点，开始绘制圆弧，如图 2-23b 所示。

4）绘制圆弧。拖动光标到图中合适的位置并单击，确定圆弧的大小。

直线转换为绘制圆弧的状态，必须先将光标拖回至终点，然后拖出才能绘制圆弧。也可以在此状态下右击，此时系统弹出如图 2-24 所示的快捷菜单，单击其中的"转到圆弧"选项即可绘制圆弧。同样，在绘制圆弧的状态下，可以使用快捷菜单中的"转到直线"选项绘制直线。

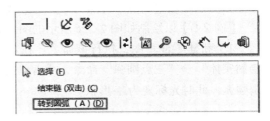

图 2-24　快捷菜单

2.2.5　绘制矩形

绘制矩形的方法主要有 5 种：边角矩形命令、中心矩形命令、3 点边角矩形命令、3 点中心矩形命令与平行四边形命令。

1.边角矩形命令

使用边角矩形画矩形的命令是标准的矩形草图命令。绘制时，先通过指定矩形的左上与右下的端点，确定矩形的长度和宽度。

【例 2-11】以绘制如图 2-25 所示的矩形为例，说明绘制边角矩形的操作步骤。

1）新建零件草图，执行该命令。在草图绘制状态下，在菜单栏中选择"工具"→"草图绘制实体"→"边角矩形"命令，或者单击"草图"选项卡中的"边角矩形"按钮 □，此时光标变为 形状。

2）绘制矩形角点。在绘图区域单击，确定矩形的一个角点 1。

3）绘制矩形的另一个角点。移动光标，单击确定矩形的另一个角点 2，矩形绘制完毕。

在绘制矩形时，既可以移动光标确定矩形的角点 2，也可以在确定角点 1 时不释放鼠标，直接拖动光标确定角点 2。

矩形绘制完毕后，拖动矩形的一个角点，可以动态地改变矩形的尺寸。绘制"矩形"属性管理器如图 2-26 所示。

2. 中心矩形命令

使用中心矩形命令画矩形的方法是通过指定矩形的中心与右上的端点，确定矩形的中心和 4 条边线。

【例 2-12】以绘制如图 2-27 所示的图形为例，介绍中心矩形的绘制步骤。

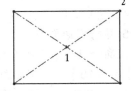

图 2-25　绘制的矩形　　　　图 2-26　绘制"矩形"属性管理器　　　　图 2-27　绘制中心矩形

1）新建零件草图，执行该命令。在草图绘制状态下，在菜单栏中选择"工具"→"草图绘制实体"→"中心矩形"命令，或者单击"草图"选项卡中的"中心矩形"按钮 □，此时光标变为 形状。

2）绘制矩形中心点。在绘图区域单击，确定矩形的中心点 1。

3）绘制矩形的一个角点。移动光标，单击确定矩形的一个角点 2，矩形绘制完毕。

3. 3点边角矩形命令

该命令是通过指定三个点来确定矩形的，前面两个点用来定义角度和一条边，第三点用来确定另一条边。

【例2-13】以绘制如图2-28所示的矩形为例，说明绘制三点边角矩形的操作步骤。

1）新建零件草图，执行该命令。在草图绘制状态下，在菜单栏中选择"工具"→"草图绘制实体"→"3点边角矩形"命令，或者单击"草图"选项卡中的"3点边角矩形"按钮◇，此时光标变为 ◈ 形状。

2）绘制矩形边角点。在绘图区域单击，确定矩形的边角点1。

3）绘制矩形的另一个边角点。移动光标，单击确定矩形的另一个边角点2。

4）绘制矩形的第三个边角点。继续移动光标，单击确定矩形的第三个边角点3，矩形绘制完毕。

4. 3点中心矩形命令

该命令是通过指定3个点来确定矩形的。

【例2-14】以绘制如图2-29所示的矩形为例，说明绘制三点中心矩形的操作步骤。

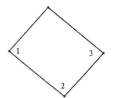

图 2-28　绘制三点边角矩形

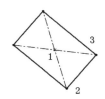

图 2-29　绘制三点中心矩形

1）新建零件草图，执行该命令。在草图绘制状态下，在菜单栏中选择"工具"→"草图绘制实体"→"3点中心矩形"命令，或者单击"草图"选项卡中的"3点中心矩形"按钮◇，此时光标变为 ◈ 形状。

2）绘制矩形中心点。在绘图区域单击，确定矩形的中心点1。

3）设定矩形一条边的一半长度。移动光标，单击确定矩形一条边线的一半长度的一个点2。

4）绘制矩形一个角点。移动光标，单击确定矩形的一个角点3，矩形绘制完毕。

5. 平行四边形命令

该命令既可以生成平行四边形，也可以生成边线与草图网格线不平行或不垂直的矩形。

【例2-15】以绘制如图2-30所示的矩形为例，说明使用平行四边形命令画矩形的操作步骤。

1）新建零件草图，执行该命令。在草图绘制状态下，在菜单栏中选择"工具"→"草图绘制实体"→"平行四边形"命令，或者单击"草图"选项卡中的"平行四边形"按钮▱，此时光标变为 ◈ 形状。

2）绘制平行四边形的第一个点。在绘图区域单击，确定平行四边形的第一个点1。

3）绘制平行四边形的第二个点。移动光标，在合适的位置单击，确定平行四边形的第二个点2。

4）绘制平行四边形的第三个点。移动光标，在合适的位置单击，确定平行四边形的第三个点3，平行四边形绘制完毕。

平行四边形绘制完成后，用光标拖动平行四边形的一个角点，可以动态地改变平行四边形的尺寸。

在绘制完成平行四边形的点 1 与点 2 后，按住 Ctrl 键，移动光标可以改变平行四边形的形状，然后在合适的位置单击，可以完成任意形状的平行四边形的绘制。图 2-31 所示为绘制的任意形状平行四边形。

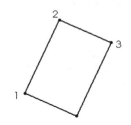

图 2-30　绘制平行四边形

图 2-31　绘制任意形状平行四边形

2.2.6　绘制多边形

多边形命令用于绘制边数为 3~40 绘制的等边多边形。

【例 2-16】以绘制如图 2-32 所示的多边形为例，说明绘制多边形的操作步骤。

1）新建零件草图，执行该命令。在草图绘制状态下，在菜单栏中选择"工具"→"草图绘制实体"→"多边形"命令，或者单击"草图"选项卡中的"多边形"按钮⬡，此时光标变为 形状，并弹出如图 2-33 所示的"多边形"属性管理器。

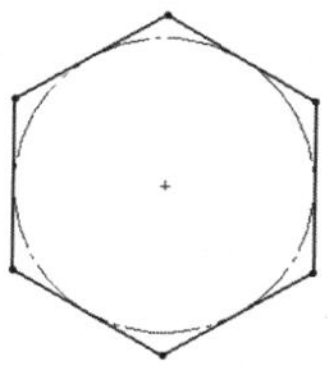

图 2-32　绘制的多边形

图 2-33　"多边形"属性管理器

2）确定多边形的边数。在"多边形"属性管理器中输入多边形的边数。也可以使用默认的边数，在绘制后再修改多边形的边数。

3）确定多边形的中心。在绘图区域单击，确定多边形的中心。

4）确定多边形的形状。移动光标，在合适位置单击，确定多边形的形状。

5）设置多边形参数。在"多边形"属性管理器中选择是内切圆模式还是外接圆模式，然后修改多边形辅助圆直径以及角度。

6）绘制其他多边形。如果还要绘制另一个多边形，单击"多边形"属性管理器中的"新多边形"按钮，然后重复步骤2）~5）即可。

在绘制多边形时，即可先在"多边形"属性管理器中设置多边形的属性，然后再绘制多边形，也可以先按照默认的设置方式绘制好多边形，再在属性管理器中进行修改。

 注意：

多边形有内切圆和外接圆两种方式，两者的区别主要在于标注方法的不同。内切圆是表示圆中心到各边的垂直距离，外接圆是表示圆中心到多边形端点的距离。

2.2.7 绘制椭圆与部分椭圆

椭圆是由中心点、长轴长度与短轴长度确定的，三者缺一不可。下面将分别介绍椭圆和部分椭圆的绘制方法。

1. 绘制椭圆

【例 2-17】以绘制如图 2-34 所示的图形为例，介绍椭圆的绘制步骤。

1）新建零件草图，执行该命令。在草图绘制状态下，在菜单栏中选择"工具"→"草图绘制实体"→"椭圆"命令，或者单击"草图"面选项卡中的"椭圆"按钮 ⊙，此时光标变为 ⤵ 形状。

2）绘制椭圆的中心。在绘图区域合适的位置单击，确定椭圆的中心。

3）确定椭圆的长半轴。移动光标，在光标附近会显示椭圆的长半轴 R 和短半轴 r。在图中合适的位置单击，确定椭圆的长半轴 R。

4）确定椭圆的短半轴。移动光标，在图中合适的位置单击，确定椭圆的短半轴 r，此时会出现如图 2-35 所示的"椭圆"属性管理器。

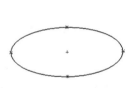

图 2-34 绘制的椭圆

图 2-35 "椭圆"属性管理器

5）修改椭圆参数。在"椭圆"属性管理器中修改椭圆的中心坐标，以及长半轴和短半轴的大小。

6）确认绘制的椭圆。单击"椭圆"属性管理器中的"确定"按钮✔，完成椭圆的绘制。

椭圆绘制完毕后，光标拖动椭圆的中心和四个特征点，可以改变椭圆的形状。当然，通过"椭圆"属性管理器可以精确地修改椭圆的位置和长半轴、短半轴。

2. 绘制部分椭圆

【例 2-18】以绘制如图 2-36c 所示图形为例，介绍椭圆弧的绘制步骤。

1）新建零件草图，执行该命令。在草图绘制状态下，在菜单栏中选择"工具"→"草图绘制实体"→"部分椭圆"命令，或者单击"草图"选项卡"椭圆"下拉列表中的"部分椭圆"按钮⊙，此时光标变为 形状。

2）确定椭圆弧的中心。在绘图区域合适的位置单击，确定椭圆弧的中心。

3）确定椭圆弧的长半轴。移动光标，在光标附近会显示椭圆的长半轴 R 和短半轴 r。在图中合适的位置单击，确定椭圆弧的长半轴 R。

4）确定椭圆弧的短半轴。移动光标，在图中合适的位置单击，确定椭圆弧的短半轴 r。

5）设置"椭圆弧"属性管理器。绕圆周移动光标，确定椭圆弧的范围，此时会出现"椭圆弧"属性管理器，根据需要设定椭圆弧的参数。

6）确认椭圆弧。单击"椭圆弧"属性管理器中的"确定"按钮✔，完成椭圆弧的绘制。

图 2-36 所示为椭圆弧的绘制过程。

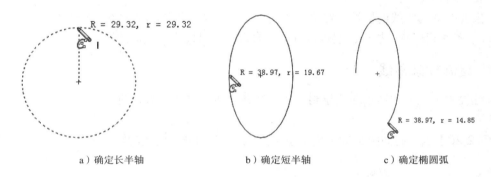

a）确定长半轴　　　　　　b）确定短半轴　　　　　　c）确定椭圆弧

图 2-36　椭圆弧绘制过程

2.2.8　绘制抛物线

抛物线的绘制方法是，先确定抛物线的焦点，然后确定抛物线的焦距，最后确定抛物线的起点和终点。

【例 2-19】以绘制如图 2-37c 所示的图形为例，介绍抛物线的绘制步骤。

1）新建零件草图，执行该命令。在草图绘制状态下，在菜单栏中选择"工具"→"草图绘制实体"→"抛物线"命令，或者单击"草图"选项卡中的"抛物线"按钮∪，此时光标变为 形状。

2）绘制抛物线的焦点。在绘图区域中合适的位置单击，确定抛物线的焦点。

3）确定抛物线的焦距。移动光标，在图中合适的位置单击，确定抛物线的焦距。

4）绘制抛物线的起点。移动光标，在图中合适的位置单击，确定抛物线的起点。

5）设置属性管理器。移动光标，在图中合适的位置单击，确定抛物线的终点，此时会出

现"抛物线"属性管理器，根据需要设置属性管理器中抛物线的参数。

6）确认绘制的抛物线。单击"抛物线"属性管理器中的"确定"按钮✔，完成抛物线的绘制。

图 2-37 所示为抛物线的绘制过程。

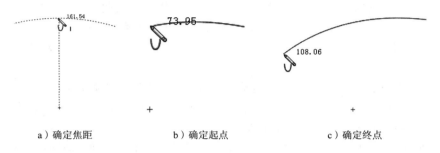

a）确定焦距　　　　　　b）确定起点　　　　　　c）确定终点

图 2-37　抛物线的绘制过程

用光标拖动抛物线的特征点，可以改变抛物线的形状。拖动抛物线的顶点，使其偏离焦点，可以使抛物线更加平缓；反之，抛物线会更加尖锐。拖动抛物线的起点或者终点，可以改变抛物线一侧的长度。

如果要改变抛物线的属性，在草图绘制状态下，选择绘制的抛物线，会在特征管理区出现"抛物线"属性管理器，按照需要修改其中的参数，就可以修改相应的属性。

2.2.9　绘制样条曲线

系统提供了强大的样条曲线绘制功能。样条曲线的点至少需要两个点，并且可以在端点指定相切。

【例 2-20】以绘制如图 2-38c 所示的图形为例，介绍样条曲线的绘制步骤。

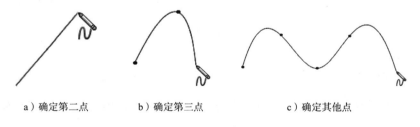

a）确定第二点　　　　b）确定第三点　　　　　　c）确定其他点

图 2-38　样条曲线的绘制过程

1）新建零件草图，执行该命令。在草图绘制状态下，在菜单栏中选择"工具"→"草图绘制实体"→"样条曲线"命令，或者单击"草图"选项卡中的"样条曲线"按钮Ⅳ，此时光标变为🖋 形状。

2）绘制样条曲线的起点。在绘图区域单击，确定样条曲线的起点。

3）绘制样条曲线的第二点。移动光标，在图中合适的位置单击，确定样条曲线上的第二点。

4）绘制样条曲线的其他点。重复移动光标，确定样条曲线上的其他点。

5）退出样条曲线的绘制。按 Esc 键，或者双击退出样条曲线的绘制。

图 2-38 所示为样条曲线的绘制过程。

样条曲线绘制完毕后，可以通过以下方式对样条曲线进行编辑和修改。

➢ "样条曲线"属性管理器：如图 2-39 所示，通过其中"参数"栏可以实现对样条曲线的修改。

➢ 样条曲线上的点：选择要修改的样条曲线，此时样条曲线上会出现点，光标拖动这些点就可以实现对样条曲线的修改。图 2-40 所示为样条曲线的修改过程，其中图 2-40a 所示为修改前的图形，图 2-40b 所示为向上拖动点 1 后的图形。

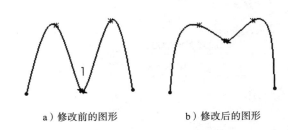

　a）修改前的图形　　　b）修改后的图形

图 2-39 "样条曲线"管理器　　　　　图 2-40 样条曲线修改过程

➢ 插入样条曲线型值点：确定样条曲线形状的点称为型值点，即除样条曲线端点以外的点。在样条曲线绘制以后，还可以插入一些型值点。右击样条曲线，在弹出的快捷菜单中选择"插入样条曲线型值点"，然后在需要添加的位置单击即可。

➢ 删除样条曲线型值点：单击选择要删除的点，然后按 Delete 键即可。

➢ 样条曲线的编辑还有其他一些功能，如显示样条曲线控标、显示拐点、显示最小半径与显示曲率检查等，在此不一一介绍，可以右击，选择相应的功能进行练习。

 注意：

系统默认会显示样条曲线的显示。单击"样条曲线工具"工具栏中的"显示样条曲线控标"按钮 ，可以隐藏或者显示样条曲线的控标。

2.2.10 绘制草图文字

草图文字可以在零件特征面上添加，用于拉伸和切除文字，形成立体效果。文字可以添加在任何连续曲线或边线组中，包括由直线、圆弧或样条曲线组成的圆或轮廓。

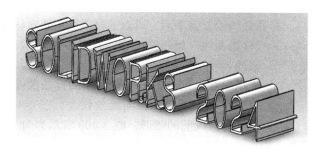

图 2-41 拉伸后的文字

【例 2-21】以绘制如图 2-41 所示的图形为例，介绍草图文字的绘制步骤。

1）新建零件草图，执行该命令。在草图绘制状态下，在菜单栏中选择"工具"→"草图绘制实体"→"文本"命令，或者单击"草图"选项卡中的"文本"按钮，此时系统出现如图 2-42 所示的"草图文字"属性管理器。

2）指定定位线。在绘图区域中选择一边线、曲线、草图或草图线段，作为绘制文字草图的定位线，此时所选择的边线出现在"草图文字"属性管理器中的"曲线"栏。

3）输入绘制的草图文字。在"草图文字"属性管理器中的"文字"栏输入要添加的文字"SOLIDWORKS 2024"。此时，添加的文字出现在绘图区域曲线上。

4）修改字体。如果不需要系统默认的字体，取消勾选属性管理器中的"使用文档字体"选项，然后单击"字体"按钮，此时系统出现如图 2-43 所示的"选择字体"对话框，按照需要进行设置。

图 2-42 "草图文字"属性管理器

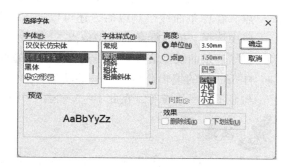

图 2-43 "选择字体"对话框

5）确认绘制的草图文字。设置好字体后，单击"选择字体"对话框中的"确定"按钮，然后单击"草图文字"属性管理器中的"确定"按钮 ✔，完成草图文字的绘制。

 注意：

1）在草图绘制模式下，双击已绘制的草图文字，在系统弹出的"草图文字"属性管理器中，可以对其进行修改。

2）如果曲线为草图实体或一组草图实体，而且草图文字与曲线位于同一草图内，必须将草图实体转换为几何构造线。

图 2-44 所示为绘制的草图文字，图 2-45 所示为拉伸后的草图文字。

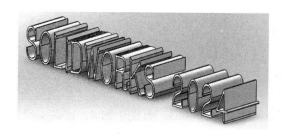

SOLIDWORKS 2024

图 2-44　绘制的草图文字　　　　　　　　图 2-45　拉伸后的草图文字

2.3　草图编辑工具

本节将主要介绍草图编辑工具的使用方法，如圆角、倒角、等距实体、裁减、延伸、镜像、移动、复制、旋转与修改等。

2.3.1　绘制圆角

绘制圆角工具是将两个草图实体的交叉处剪裁掉角部，生成一个与两个草图实体都相切的圆弧，此工具在二维和三维草图中均可使用。

【例 2-22】以绘制如图 2-47b 所示的图形为例，介绍圆角的绘制步骤。

1）新建零件草图，执行该命令。在草图编辑状态下，在菜单栏中选择"工具"→"草图工具"→"圆角"命令，或者单击"草图"选项卡中的"绘制圆角"按钮 ⌐，此时系统出现如图 2-46 所示的"绘制圆角"属性管理器。

2）设置圆角属性。在"绘制圆角"属性管理器中设置圆角的半径。如果顶点具有尺寸或几何关系，选中"保持拐角处约束条件"复选框，将保留虚拟交点。如果不选中该复选框，且如果顶点具有尺寸或几何关系，将会询问您是否想在生成圆角时删除这些几何关系。如果"选中标注每个圆角的尺寸"复选框，将标注每个圆角尺寸。如果不选中该复选框，则只

图 2-46　"绘制圆角"属性管理器

标注相同圆角中的一个尺寸。

3）选择绘制圆角的直线。设置"绘制圆角"属性管理器如图 2-46 所示，用光标选择如图 2-47a 中的直线 1 和 2、直线 2 和 3、直线 3 和 4、直线 4 和 1。

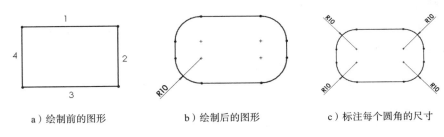

a）绘制前的图形　　　　　b）绘制后的图形　　　　　c）标注每个圆角的尺寸

图 2-47　圆角绘制过程

4）确认绘制的圆角。单击"绘制圆角"属性管理器中的"确定"按钮 ✔，完成圆角的绘制，结果如图 2-47b 所示。

5）重新进行圆角处理。勾选"绘制圆角"属性管理器中的"标注每个圆角的尺寸"选项，将剩下的直线 2 和 3、直线 3 和 4、直线 4 和 1 全都标注圆角尺寸，如图 2-47c 所示。

 注意：

SOLIDWORKS 可以将两个非交叉的草图实体进行圆角。执行圆角命令后，草图实体将被拉伸，边角将被圆角处理。

2.3.2　绘制倒角

绘制倒角工具是将倒角应用到相邻的草图实体中。此工具在二维和三维草图中均可使用。倒角的选取方法与圆角相同。"绘制倒角"属性管理器中提供了倒角的两种设置方式，分别是"角度 - 距离"设置倒角方式和"距离 - 距离"设置倒角方式。

【例 2-23】以绘制如图 2-48b 所示的图形为例，介绍倒角的绘制步骤。

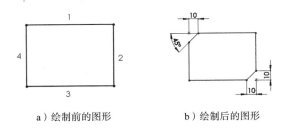

a）绘制前的图形　　　　　b）绘制后的图形

图 2-48　倒角绘制过程

1）新建零件草图，执行该命令。在草图编辑状态下，绘制如图 2-48a 所示图形，在菜单栏中选择"工具"→"草图工具"→"倒角"命令，或者单击"草图"选项卡中的"绘制倒角"按钮 ，此时系统出现如图 2-49 所示的"绘制倒角"属性管理器。

2）设置"角度距离"倒角方式。在"绘制倒角"属性管理器中，按照图 2-48 所示以"角度 - 距离"选项设置倒角方式，倒角参数如图 2-49 所示，然后选择如图 2-48a 中的直线 1 和直线 4。

3）设置"距离-距离"倒角方式。在"绘制倒角"属性管理器中，选择"距离-距离"选项，按照如图 2-50 所示设置倒角方式，选择如图 2-48a 中的直线 2 和直线 3。

图 2-49 "角度距离"设置方式　　　　　图 2-50 "距离-距离"设置方式

4）确认倒角。单击"绘制倒角"属性管理器中的"确定"按钮 ✓，完成倒角的绘制。

以"距离-距离"方式绘制倒角时，如果设置的两个距离不相等，则选择草图实体的次序不同，绘制的结果也不相同。如图 2-51 所示，设置 D1 = 10，D2 = 20。图 2-51a 所示为原始图形；图 2-51b 所示为先选取左边的直线，后选择右边直线形成的图形；图 2-51c 所示为先选取右边的直线，后选择左边直线形成的图形。

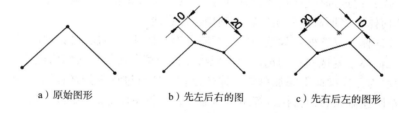

　　a）原始图形　　　　　　　b）先左后右的图　　　　　c）先右后左的图形

图 2-51 选择直线次序不同形成的倒角

2.3.3 等距实体

等距实体工具是按特定的距离等距一个或者多个草图实体、所选模型边线或模型面。例如样条曲线或圆弧、模型边线组、环等类的草图实体。

【例 2-24】以绘制如图 2-52 所示的图形为例，介绍等距实体的绘制步骤。

1）新建零件草图，执行该命令。在草图绘制状态下，在菜单栏中选择"工具"→"草图工具"→"等距实体"命令，或者单击"草图"选项卡中的"等距实体"按钮 ⎝。此时系统弹出"等距实体"属性管理器，如图 2-53 所示。

2）设置属性管理器。在"等距实体"属性管理器中按照需要进行设置。

3）选择等距对象。单击选择要等距的实体对象。

4）确认等距的实体。单击"等距实体"属性管理器中的"确定"按钮 ✓，完成等距实体的绘制。

"等距实体"属性管理器中各选项的含义如下：

➤ 等距距离：设定数值，以特定距离来等距草图实体。

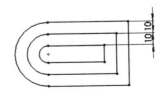

图 2-52　等距后的草图实体　　　　　　图 2-53　"等距实体"属性管理器

> 添加尺寸：在草图中添加等距距离的尺寸标注，这不会影响到包括在原有草图实体中的任何尺寸。
> 反向：更改单向等距实体的方向。
> 选择链：生成所有连续草图实体的等距。
> 双向：在草图中双向生成等距实体。
> 顶端加盖：通过选择双向并添加一顶盖来延伸原有非相交草图实体。
> 构造几何体：将原有草图实体转换到构造性直线。

1）"基本几何体"复选框：勾选该复选框将原有草图实体转换到构造性直线。

2）"偏移几何体"复选框：勾选该复选框将偏移的草图实体转换到构造性直线。

图 2-54 所示为在模型面上添加草图实体的过程。执行过程为先选择图 2-54a 中模型的上表面，然后进入草图绘制状态，再执行等距实体命令，设置单向等距距离为 10。

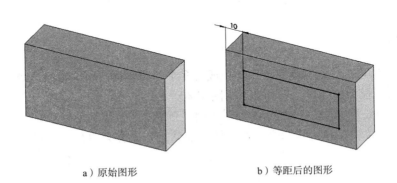

a）原始图形　　　　　　　b）等距后的图形

图 2-54　模型面等距实体

 注意：

在草图绘制状态下，双击等距距离的尺寸，然后更改数值，就可以修改等距实体的距离。在双向等距中，修改单个数值就可以更改两个等距的尺寸。

2.3.4 转换实体引用

转换实体引用是通过已有模型或者草图，将其边线、环、面、曲线、外部草图轮廓线、一组边线或一组草图曲线投影到草图基准面上。通过这种方式，可以在草图基准面上生成一个或多个草图实体。使用该命令时，如果引用的实体发生更改，那么转换的草图实体也会相应地改变。

【例2-25】以绘制如图2-55b所示的图形为例，介绍转换实体引用的绘制步骤。

1）打开文件。打开随书电子资料中源文件/第2章/例2-25-1.prt文件，如图2-55a所示。

2）选择添加草图的基准面。在特征管理器的树状目录中选择要添加草图的基准面（本例选择基准面1），然后单击"草图"选项卡中的"草图绘制"按钮 ，进入草图绘制状态。

3）选择实体边线。按住Ctrl键，选取图2-55a中的边线1、2、3、4以及圆弧5。

4）执行该命令。在菜单栏中选择"工具"→"草图绘制工具"→"转换实体引用"命令，或者单击"草图"选项卡中的"转换实体引用"按钮 ，执行转换实体引用命令。

5）确认转换实体。退出草图绘制状态，图2-55b所示为转换实体引用后的图形。

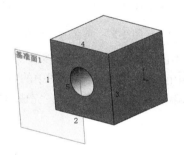 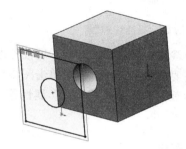

a）转换实体引用前的图形　　　　　　　b）转换实体引用后的图形

图2-55　转换实体引用过程

2.3.5 剪裁实体

剪裁实体是常用的草图编辑命令。执行剪裁实体命令时，系统会弹出如图2-56所示的"剪裁"属性管理器，可以根据剪裁草图实体的不同选择不同的剪裁模式，下面介绍不同类型的草图剪裁模式。

➢ 强劲剪裁：通过将光标拖过每个草图实体来剪裁草图实体。

➢ 边角：剪裁两个草图实体，直到它们在虚拟边角处相交。

➢ 在内剪除：选择两个边界实体，然后选择要裁剪的实体，剪裁位于两个边界实体外的草图实体。

➢ 在外剪除：剪裁位于两个边界实体内的草图实体。

➢ 剪裁到最近端：将一草图实体裁减到最近端交叉实体。

【例2-26】以绘制图2-57所示的图形为例，说明剪裁实体的操作步骤。

1）新建零件草图，执行该命令。在草图编辑状态下，在菜单栏中选择"工具"→"草图工具"→"剪裁"命令，或者单击"草图"选项卡中的"剪裁实体"按钮 ，在左侧特征管理

器中出现"剪裁"属性管理器。

图 2-56 "剪裁"属性管理器

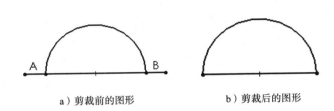

a) 剪裁前的图形　　　　　　　b) 剪裁后的图形

图 2-57 剪裁实体过程

2）设置剪裁模式。选择"剪裁"属性管理器中的"剪裁到最近端"模式。

3）选择需要剪裁的直线。依次单击图 2-57a 中的 A 和 B 处，剪裁图中的直线。

4）确认剪裁实体。单击"剪裁"属性管理器中的"确定"按钮✔，完成草图实体的剪裁，结果如图 2-57b 所示。

2.3.6　延伸实体

延伸实体是常用的草图编辑命令。利用该工具可以将草图实体延伸至另一个草图实体。

【例 2-27】以绘制如图 2-58b 所示的图形为例，说明草图延伸的操作步骤。

1）新建零件草图，执行该命令。在草图编辑状态下，在菜单栏中选择"工具"→"草图工具"→"延伸"命令，或者单击"草图"选项卡中的"延伸实体"按钮T，此时光标变为，进入草图延伸状态。

2）选择需要延伸的直线。单击图 2-58a 中的直线。

3）确认延伸的直线。按 Esc 键，退出延伸实体状态，结果如图 2-58b 所示。

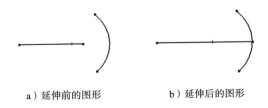

a) 延伸前的图形　　　　　　b) 延伸后的图形

图 2-58　草图延伸过程

在延伸草图实体时，如果两个方向都可以延伸，而需要单一方向延伸时，单击延伸方向一侧实体部分即可实现。在执行该命令过程中，实体延伸的结果预览会以红色显示。

2.3.7 分割实体

分割实体是将一连续的草图实体分割为两个草图实体，以方便进行其他操作。反之，也可以删除一个分割点，将两个草图实体合并成一个单一草图实体。

【例 2-28】以绘制如图 2-59 所示的图形为例，说明分割草图的操作步骤。

1）新建零件草图，执行该命令。在草图编辑状态下，在菜单栏中选择"工具"→"草图工具"→"分割实体"命令，进入分割实体状态。

2）确定添加分割点的位置。单击图 2-59a 中圆弧的合适位置，添加一个分割点。

3）确认添加的分割点。按 Esc 键，退出分割实体状态，结果如图 2-59b 所示。

在草图编辑状态下，如果欲将两个草图实体合并为一个草图实体，单击选中分割点，然后按 Delete 键即可。

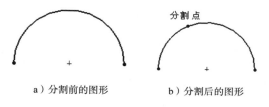

a）分割前的图形　　　　b）分割后的图形

图 2-59　分割实体过程

2.3.8 镜像实体

在绘制草图时，经常要绘制对称的图形，这时可以使用镜像实体命令来实现，"镜像"属性管理器如图 2-60 所示。

在 SOLIDWORKS 2024 中，镜像点不再仅限于构造线，它可以是任意类型的直线。SOLIDWORKS 提供了两种镜像方式：一种是镜像现有草图实体，另一种是在绘制草图动态镜像草图实体。

1. 镜像现有草图实体

【例 2-29】以如图 2-61 所示的图形为例，介绍镜像现有草图实体的操作步骤。

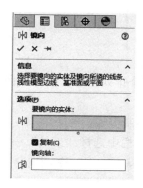

图 2-60　"镜像"属性管理器

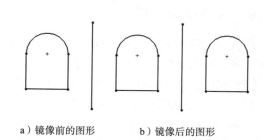

a）镜像前的图形　　　b）镜像后的图形

图 2-61　镜像草图过程

1）新建零件草图，执行该命令。在草图编辑状态下，在菜单栏中选择"工具"→"草图

工具"→"镜像"命令，或者单击"草图"选项卡中的"镜像实体"按钮，此时系统弹出"镜像"属性管理器。

2）选择需要镜像的实体。单击"镜像"属性管理器中"要镜像的实体"栏下面的对话框，然后在绘图区域中框选图 2-61a 中直线左侧的图形。

3）选择镜像点。单击"镜像"属性管理器中"镜像轴"栏下面的对话框，然后在绘图区域中选取图 2-61a 中的直线。

4）确认镜像的实体。单击"镜像"属性管理器中的"确定"按钮✔，草图实体镜像完毕，结果如图 2-61b 所示。

2. 动态镜像草图实体

【例 2-30】以如图 2-62 所示的图形为例，说明动态镜像草图实体的绘制过程。

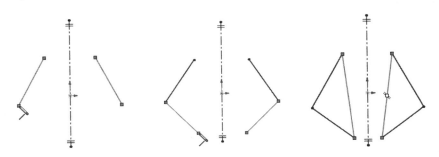

图 2-62　绘制动态镜像草图实体过程

1）确定镜像点。在草图绘制状态下，首先在绘图区域中绘制一条中心线，并选取它。

2）执行镜像命令。在菜单栏中选择"工具"→"草图工具"→"动态镜像"命令，或者单击"草图"选项卡中的"动态镜像实体"按钮，此时对称符号出现在中心线的两端。

3）镜像实体。在中心线的一侧绘制草图，此时另一侧会动态地镜像绘制的草图。

4）确认镜像实体。草图绘制完毕后，再次执行直线动态草图实体命令，即可结束该命令的使用。

 注意：

镜像实体在三维草图中不可使用。

2.3.9　线性草图阵列

线性草图阵列就是将草图实体沿一个或者两个轴复制生成多个排列图形。执行该命令时，系统会弹出如图 2-63 所示的"线性阵列"属性管理器。

【例 2-31】以图 2-64 所示的图形为例，说明线性草图阵列的绘制步骤。

1）新建零件草图，执行该命令。在草图编辑状态下，在菜单栏中选择"工具"→"草图工具"→"线性阵列"命令，或者单击"草图"选项卡中的"线性草图阵列"按钮。

2）设置属性管理器。系统出现"线性阵列"属性管理器，在"线性阵列"属性管理器中的"要阵列的实体"栏中选取图 2-64a 中直径为 10mm 的圆弧，其他按照如图 2-63 所示进行设置。

3）确认阵列的实体。单击"线性阵列"属性管理器中的"确定"按钮 ✔，完成线性草图阵列，结果如图 2-64b 所示。

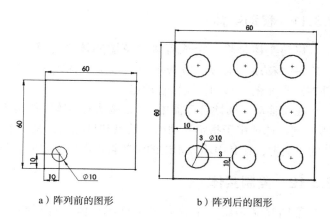

a）阵列前的图形   b）阵列后的图形

图 2-63 "线性阵列"属性管理器   图 2-64 线性草图阵列过程

2.3.10 圆周草图阵列

圆周草图阵列就是将草图实体沿一个指定大小的圆弧进行环状阵列。执行该命令时，系统会弹出如图 2-65 所示的"圆周阵列"属性管理器。

【例 2-32】以如图 2-66 所示的图形为例，说明圆周草图阵列的绘制步骤。

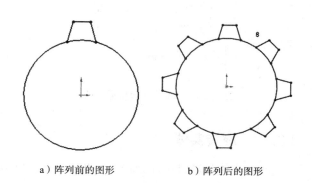

a）阵列前的图形   b）阵列后的图形

图 2-65 "圆周阵列"属性管理器   图 2-66 圆周草图阵列过程图示

1）打开文件。打开随书电子资料中源文件 / 第 2 章 / 例 2-32-1.prt 文件，如图 2-66a 所示。在草图编辑状态下，在菜单栏中选择"工具"→"草图工具"→"圆周阵列"命令，或者单击"草图"选项卡中的"圆周草图阵列"按钮❤️。此时系统出现"圆周阵列"属性管理器。

2）设置属性管理器。在"圆周阵列"属性管理器中的"要阵列的实体"栏选取图 2-66a 中圆弧外的 3 条直线，在"参数"项的"中心"栏中选择圆弧的圆心，在"数量"栏中输入 8。

3）确认阵列的实体。单击"圆周阵列"属性管理器中的"确定"按钮✔，完成圆周阵列，结果如图 2-66b 所示。

2.3.11 移动实体

移动实体是将一个或者多个草图实体进行移动。选择菜单栏中的"工具"→"草图工具"→"移动"命令，或者单击"草图"选项卡中的"移动实体"按钮🔩，系统会弹出如图 2-67 所示的"移动"属性管理器。

在"移动"属性管理器中，"要移动的实体"栏用于选取要移动的草图实体；"参数"中的"从 / 到"选项用于指定移动的开始点和目标点，是一个相对参数；选取"X/Y"选项，会出现新的对话框，在其中输入相应的参数将可以以设定的数值生成相应的目标。

2.3.12 复制实体

草图复制是将一个或者多个草图实体进行复制。选择菜单栏中的"工具"→"草图工具"→"复制"命令，或者单击"草图"选项卡中的"复制实体"按钮🔩，系统会出现如图 2-68 所示的"复制"属性管理器。"复制"属性管理器中的参数与"移动"属性管理器中的参数含义相同，在此不再赘述。

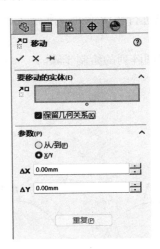

图 2-67 "移动"属性管理器

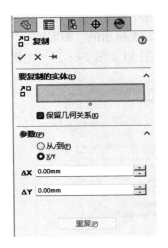

图 2-68 "复制"属性管理器

2.3.13 旋转实体

旋转实体是通过选择旋转中心及要旋转的度数来旋转草图实体。执行该命令时，系统会出现如图 2-69 所示的"旋转"属性管理器。

【例 2-33】以如图 2-70 所示的图形为例，说明旋转草图实体的操作步骤。

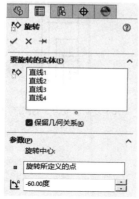

图 2-69　"旋转"属性管理器

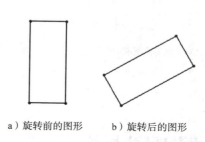

a）旋转前的图形　　　b）旋转后的图形

图 2-70　旋转草图实体过程

1）新建零件草图，执行该命令。在草图编辑状态下，在菜单栏中选择"工具"→"草图工具"→"旋转"命令，或者单击"草图"选项卡中的"旋转实体"按钮 ⟲。此时系统出现"旋转"属性管理器。

2）设置属性管理器。在"旋转"属性管理器中的"要旋转的实体"栏中选取如图 2-70a 所示的矩形，在"基准点"栏选取矩形的右下端点，在"角度"栏设置为 −60 度。

3）确认旋转的草图实体。单击"旋转"属性管理器中的"确定"按钮 ✔，完成旋转草图，结果如图 2-70b 所示。

2.3.14　缩放实体

缩放实体是通过基准点和比例因子对草图实体进行缩放，也可以根据需要在保留圆缩放对象的基础上缩放草图。执行该命令时，系统会出现如图 2-71 所示的"比例"属性管理器。

【例 2-34】以如图 2-72 所示的图形为例，说明缩放草图实体的操作步骤。

1）新建零件草图，执行该命令。在草图编辑状态下，在菜单栏中选择"工具"→"草图绘制工具"→"缩放比例"命令，或者单击"草图"选项卡中的"缩放实体比例"按钮。此时系统出现"比例"属性管理器，如图 2-71 所示。

2）设置属性管理器。在"比例"属性管理器中的"要缩放比例的实体"栏选取如图 2-72a 所示的矩形，在"基准点"栏中选取矩形的左下端点，在"比例因子"栏中输入 0.8，结果如图 2-72b 所示。

图 2-71　"比例"属性管理器

3）设置属性管理器。勾选"比例"属性管理器中的"复制"复选框，在"份数"栏中输入 5，结果如图 2-72c 所示。

4）确认缩放的草图实体。单击"比例"属性管理器中的"确定"按钮 ✔，草图实体缩放完毕。

　　　　　　　　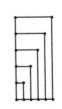

a）缩放比例前的图形　　　　b）比例因子为 0.8 的图形　　　　c）复制份数为 5 的图形

图 2-72　缩放比例过程

2.4　草图尺寸标注

草图尺寸标注包括多种尺寸标注类型，方便执行各种尺寸类型的标注。下面将详细讲解尺寸标注格式的的设置方法、尺寸的各种标注类型及尺寸的修改方法。

在 SOLIDWORKS 中，草图尺寸标注主要是对草图形状进行定义。SOLIDWORKS 的草图标注采用参数式定义方式，即图形随着标注尺寸的改变而实时的改变。根据草图的尺寸标注，可以将草图分为 3 种状态，分别是欠定义状态、完全定义状态与过定义状态。草图以蓝色显示时，说明草图为欠定义状态；草图以黑色显示时，说明草图为完全定义状态；草图以红色显示时，说明草图为过定义状态。

2.4.1　设置尺寸标注格式

在标注尺寸之前，首先要设置尺寸标注的格式和属性。尺寸标注格式和属性虽然不影响特征建模的效果，但是好的标注格式和属性的设置可以影响图形整体的美观性，所以尺寸标注格式和属性的设置在草图绘制中占有很重要的地位。

尺寸格式主要包括尺寸标注的界限、箭头与尺寸数字等的样式。尺寸属性主要包括尺寸标注的数值的精度、箭头的类型、字体的大小与公差等。下面将分别介绍尺寸标注格式和尺寸标注属性的设置方法。

在菜单栏中选择"工具"→"选项"命令，此时系统弹出"文档属性 - 绘图标准"对话框，在其中选择"文档属性"选项卡，如图 2-73 所示。

在"文档属性"选项卡中，"注解""尺寸"和"出详图"等选项用来设置尺寸的标注格式。

1）设置"尺寸"中的各选项。选择图 2-73 中的"尺寸"选项，此时弹出如图 2-74 所示的"文档属性 - 尺寸"对话框。在该对话框中，可以设置"文本""箭头""尺寸精度"等。

单击该对话框中的"公差"按钮，系统弹出如图 2-75 所示的"尺寸公差"对话框，在此对话框中可以详细地设置公差精度的标注格式。

2）设置"注解"选项卡中的各选项。选择图 2-73 中的"注解"选项，弹出如图 2-76 所示的"文档属性 - 注解"对话框。在其中的"文本"栏中，单击"字体"选项，系统弹出如图 2-77 所示的"选择字体"对话框，在其中设置尺寸字体的标注样式。

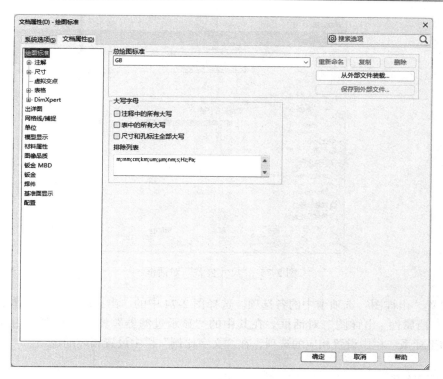

图 2-73 "文档属性 - 绘图标准"对话框

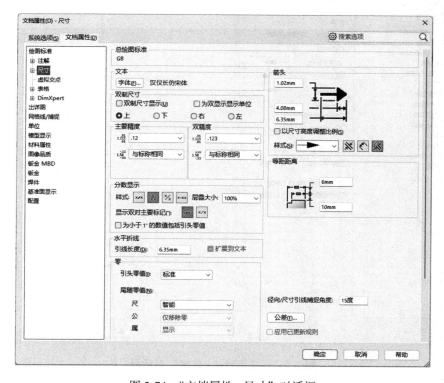

图 2-74 "文档属性 - 尺寸"对话框

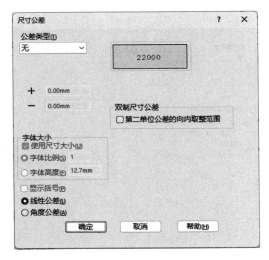

图 2-75 "尺寸公差"对话框

3）设置"出详图"选项卡中的各选项。选择图 2-74 中的"出详图"选项，弹出如图 2-78 所示的"文档属性 - 出详图"对话框。在其中的"显示过滤器"栏中选择要使用的选项，在 "点、轴和坐标系"栏中设置相应的选项，在"文字比例"栏中设置相应的选项。

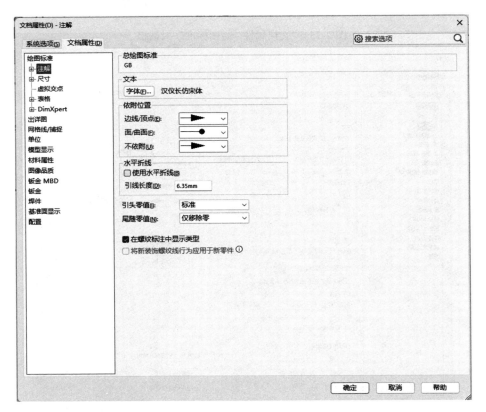

图 2-76 "文档属性 - 注解"对话框

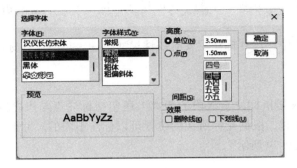

图 2-77 "选择字体"对话框

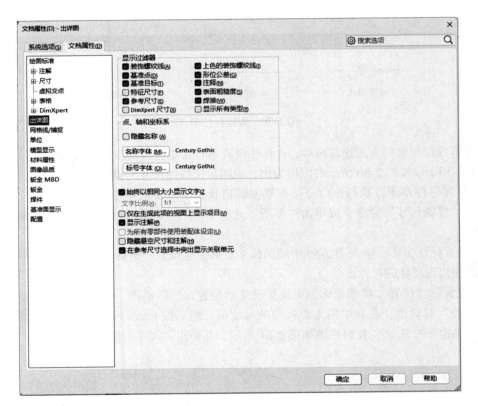

图 2-78 "文档属性-出详图"对话框

2.4.2 尺寸标注类型

SOLIDWORKS 提供了 3 种进入尺寸标注的方法。

➢ 菜单方式：在菜单栏中选择"工具"→"标注尺寸"→"智能尺寸"命令。

➢ 选项卡方式：单击"草图"选项卡中的"智能尺寸"按钮 ◆。

➢ 快捷菜单方式：在草图绘制方式下右击，在弹出的快捷菜单中选择"智能尺寸"选项。

进入尺寸标注模式，光标将变为 。退出尺寸标注模式对应的也用 3 种方式，一是按 Esc 键；二是再次单击"草图"选项卡中的"智能尺寸"按钮 ；三是右击快捷菜单中的"选择"选项。

在 SOLIDWORKS 中，尺寸标注主要有线性尺寸标注、角度尺寸标注、圆弧尺寸标注与圆尺寸标注等类型。

1. 线性尺寸标注

线性尺寸标注不仅是指标注直线段的距离，还包括标注点与点之间、点与线段直径的距离。标注直线长度尺寸时，根据光标所在的位置可以标注不同的尺寸形式，有水平形式、垂直形式与平行形式，如图 2-79 所示。

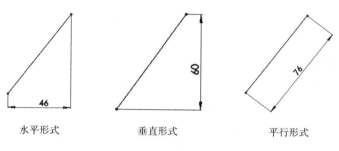

图 2-79　直线标注形式

标注直线段长度的方法比较简单，在标注模式下直接单击直线段，然后拖动光标即可。

【例 2-35】以如图 2-80 所示的图形为例，说明标注线性尺寸的操作步骤。

1）新建零件草图，执行该命令。在草图编辑状态下，在菜单栏中选择"工具"→"标注尺寸"→"智能尺寸"命令，或单击"草图"选项卡中的"智能尺寸"按钮 ，此时光标变为 形状。

2）设置标注实体。单击图 2-80 中的圆弧 1 上的任意位置，然后单击圆弧 2 上的任意位置，此时视图中出现标注的尺寸。

3）设置标注位置。移动光标到要放置尺寸的位置，然后单击，此时系统出现如图 2-82 所示的"修改"对话框。在其中输入要标注的尺寸值，然后按 Enter 键，或者单击"修改"对话框中的"确定"按钮 ，此时视图如图 2-81 所示，并弹出"尺寸"属性管理器。

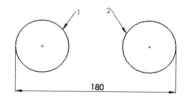 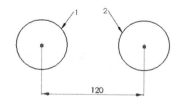 

图 2-80　两圆弧之间的线性尺寸　　图 2-81　标注的尺寸　　图 2-82　"修改"对话框

4）设置标注属性。在"尺寸"属性管理器中单击"引线"选项卡，设置"圆弧条件"，"第一圆弧条件"与"第二圆弧条件"均选择"最大"选项。

5）确认尺寸标注。单击"尺寸"属性管理器中的"确定"按钮 ，完成尺寸的标注，结果如图 2-80 所示。

注意：

在标注两圆弧直径的距离时，如果使用圆心方式标注圆弧之间的距离，则不能修改标注的形式。

2. 角度尺寸标注

角度尺寸标注分为 3 种形式：

➤ 两直线之间的夹角：直接选取两条直线，没有顺序差别。根据光标所放置位置的不同，有 4 种不同的标注形式，如图 2-83 所示。

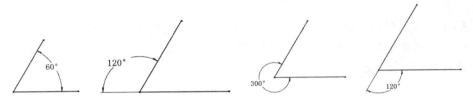

图 2-83 两直线之间角度标注形式

➤ 直线与点之间的夹角：标注直线与点之间的夹角，有顺序差别。选择的顺序是：直线的一个端点→直线的另一个端点→点。一般有 4 种标注形式，如图 2-84 所示。

➤ 圆弧的角度：圆弧的标注顺序是起点→终点→圆心。

图 2-84 直线与点之间角度的标注形式

【例 2-36】以如图 2-85 所示的图形为例，介绍标注圆弧角度的操作步骤。

1）新建零件草图，执行该命令。在草图编辑状态下，在菜单栏中选择"工具"→"标注尺寸"→"智能尺寸"命令，或者单击"草图"选项卡中的"智能尺寸"按钮，此时光标变为形状。

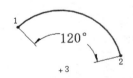

图 2-85 圆弧角度尺寸的标注

2）设置标注的位置。单击图 2-85 中的圆弧上的点 1，然后单击圆弧上的点 2，再单击圆心 3，最后在图中合适位置放置尺寸标注并单击，此时系统出现"修改"对话框。在其中输入要标注的角度值，然后单击对话框中的"确定"按钮，此时弹出"尺寸"属性管理器。

3）确认标注的圆弧角度。单击"尺寸"属性管理器中的"确定"按钮，完成圆弧角度尺寸的标注。结果如图 2-85 所示。

3. 圆弧尺寸标注

圆弧尺寸标注分为 3 种方式：

➤ 标注圆弧的半径：标注圆弧半径的方法比较简单，直接选取圆弧，在"修改"对话框中输入要标注的半径值，然后单击，放置标注的位置即可。图 2-86 所示为圆弧半径的标注过程。

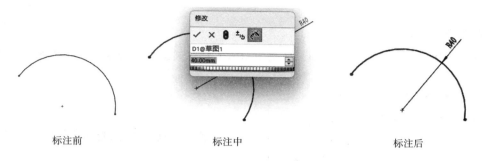

图 2-86　圆弧半径的标注过程

> 标注圆弧的弧长：标注圆弧弧长的方式是，依次选取圆弧的两个端点与圆弧，在"修改"对话框中输入要标注的弧长值，然后单击，放置标注的位置即可。图 2-87 所示为圆弧弧长的标注过程。

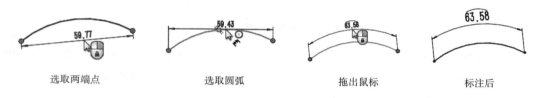

图 2-87　圆弧弧长的标注过程

> 标注圆弧的弦长：标注圆弧弦长的方式是，依次选取圆弧的两个端点与圆弧，然后拖出尺寸，单击放置的位置即可。根据尺寸放置的位置不同，标注圆弧弦长主要有 3 种形式，即水平形式、垂直形式与平行形式，如图 2-88 所示。

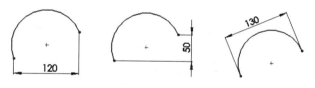

图 2-88　圆弧弦长的标注形式

4. 圆尺寸标注

圆尺寸标注比较简单，标注方式为：执行标注命令，直接选取圆上任意点，然后拖出尺寸到要放置的位置单击，在"修改"对话框中输入要修改的直径数值，再单击对话框中的"确定"按钮，即可完成圆尺寸标注。根据尺寸放置的位置不同，通常圆尺寸标注分为 3 种形式，如图 2-89 所示。

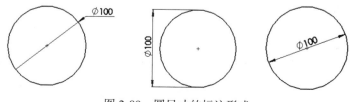

图 2-89　圆尺寸的标注形式

2.4.3 尺寸修改

在草图编辑状态下，双击要修改的尺寸数值，此时系统出现"修改"对话框。在该对话框中输入修改的尺寸值，然后单击对话框中的"确定"按钮✔，即可完成尺寸的修改。图 2-90 所示为尺寸修改的过程。

 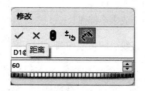

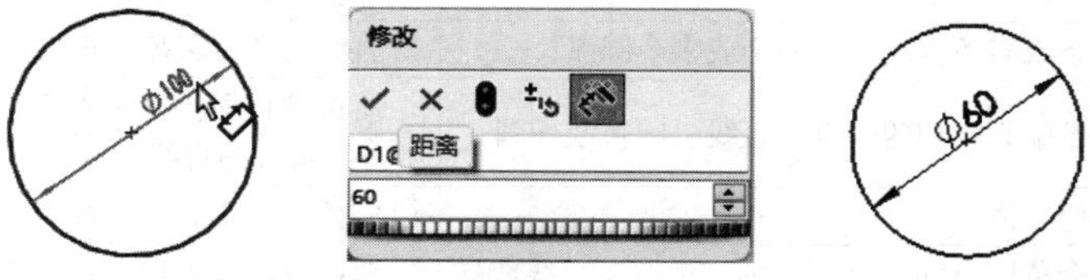

选取尺寸并双击   输入要修改的尺寸值   修改后的图形

图 2-90 尺寸修改过程

"修改"对话框中各按钮的含义如下：

- ➢ ✔：保存当前修改的数值并退出对话框。
- ➢ ✕：恢复原始值并退出此对话框。
- ➢ 🔘：以当前的数值重建模型。
- ➢ ±🔟：重设选值框增量值。
- ➢ 🖾：标注要输入进工程图中的尺寸。此选项只在零件和装配体文件中使用。当插入模型项目到工程图中时，就可以相应地插入所有尺寸或插入标注的尺寸。

2.5 草图几何关系

本节将详细讲述草图的几何关系，如添加几何关系的方法、显示以及删除几何关系的方法。

几何关系是草图实体和特征几何体设计意图中一个重要创建手段，是指各几何元素与基准面、轴线、边线或端点之间的相对位置关系。几何关系在 CAD/CAM 软件中起着非常重要的作用。通过添加几何关系，可以很容易地控制草图形状，表达设计工程师的设计意图，为设计工程师带来很大的便利，提高设计的效率。

添加几何关系有自动添加几何关系和手动添加几何关系两种方式。常见几何关系类型及结果见表 2-1。

表 2-1 几何关系类型及结果

几何关系类型	要选择的草图实体	所产生的几何关系
水平或竖直	一条或多条直线，或两个或多个点	直线会变成水平或竖直，而点会水平或竖直对齐
共线	两条或多条直线	所选直线位于同一条无限长的直线上
全等	两个或多个圆弧	所选圆弧会共用相同的圆心和半径
垂直	两条直线	两条直线相互垂直
平行	两条或多条直线	所选直线相互平行
相切	圆弧、椭圆或样条曲线，以及直线或圆弧	两个所选项目保持相切

（续）

几何关系类型	要选择的草图实体	所产生的几何关系
同心	两个或多个圆弧，或一个点和一个圆弧	所选圆弧共用同一圆心
中点	两条直线或一个点和一条直线	点保持位于线段的中点
交叉点	两条直线和一个点	点保持位于直线的交叉点处
重合	一个点和一条直线、圆弧或椭圆	点位于直线、圆弧或椭圆上
相等	两条或多条直线，或两个或多个圆弧	直线长度或圆弧半径保持相等
对称	一条中心线和两个点、直线、圆弧或椭圆	所选项目保持与中心线相等距离，并位于一条与中心线垂直的直线上
固定	任何实体	实体的大小和位置被固定
穿透	一个草图点和一个基准轴、边线、直线或样条曲线	草图点与基准轴、边线或曲线在草图基准面上穿透的位置重合
合并点	两个草图点或端点	两个点合并成一个点

 注意：

1）在为直线建立几何关系时，此几何关系是相对于无限长的直线，而不仅仅是相对于草图线段或实际边线，因此在希望一些实体互相接触时，它们可能实际上并未接触到。

2）在生成圆弧段或椭圆段的几何关系时，几何关系实际上是对于整圆或椭圆的。

3）为不在草图基准面上的项目建立几何关系，则所产生的几何关系应用于此项目在草图基准面上的投影。

4）在使用等距实体及转换实体引用命令时，可能会自动生成额外的几何关系。

2.5.1　自动添加几何关系

自动添加几何关系是指在绘制图形的过程中，系统根据绘制实体的相关位置，自动赋予草图实体于几何关系，而不需要用于手动添加。

自动添加几何关系需要进行系统设置。设置的方法是：在菜单栏中选择"工具"→"选项"命令，此时系统出现"系统选项（S）- 普通"对话框，单击"几何关系 / 捕捉"选项，然后选中"自动几何关系"复选框，并相应地选中"草图捕捉"各复选框，如图 2-91 所示。

如果取消"自动几何关系"复选框，虽然在绘图过程中有限制光标出现，但是并没有真正赋予该实体几何关系。图 2-92 所示为常见的自动几何关系类型。

2.5.2　手动添加几何关系

当绘制的草图有多种几何关系时，系统无法自行判断，需要设计者手动添加几何关系。手动添加几何关系是设计者根据设计需要和经验添加的最佳几何关系。"添加几何关系"属性管理器如图 2-93 所示。

【例 2-37】以图 2-94 所示的图形为例，说明手动添加几何关系的操作步骤。

1）打开文件。打开随书电子资料中源文件 / 第 2 章 / 例 2-37-1.prt 文件，如图 2-94a 所示。在草图编辑状态下，在菜单栏中选择"工具"→"几何关系"→"添加"命令，或者单击"草图"选项卡"显示 / 删除几何关系"下拉列表中"添加几何关系"按钮┗。此时系统弹出"添加几何关系"属性管理器。

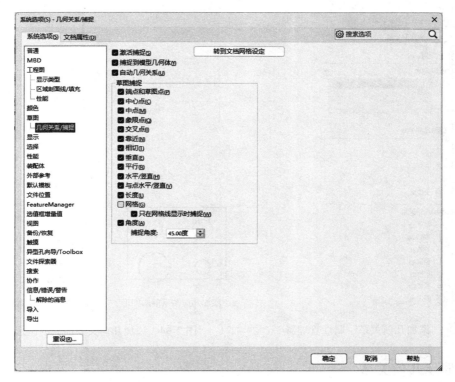

图 2-91 设置自动添加几何关系

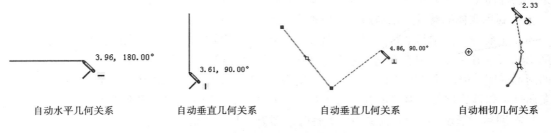

自动水平几何关系　　自动垂直几何关系　　自动垂直几何关系　　自动相切几何关系

图 2-92 常见的自动几何关系类型

2）选择添加几何关系的实体。单击选择如图 2-94a 中的 4 个圆，此时所选的圆弧出现在"添加几何关系"属性管理器中的"所选实体"栏中，并且在"添加几何关系"栏中出现所有可能的几何关系，如图 2-93 所示。

3）选择添加的几何关系。单击"添加几何关系"栏中的"相等"按钮 ，将 4 个圆限制为等直径的几何关系。

4）确认添加的几何关系。单击"添加几何关系"属性管理器中的"确定"按钮 ，几何关系添加完毕，结果如图 2-94b 所示。

 注意：

添加几何关系时，必须有一个实体为草图实体，其他项目实体可以是外草图实体、边线、面、顶点、原点、基准面或基准轴等。

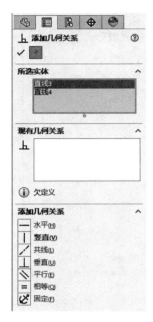

图 2-93 "添加几何关系"属性管理器

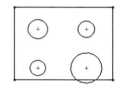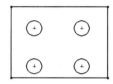

a）添加几何关系前的图形　　　b）添加几何关系后的图形

图 2-94　添加几何关系前后的图形

2.5.3　显示几何关系

与其他 CAD/CAM 软件不同的是，SOLIDWORKS 在视图中不直接显示草图实体的几何关系，这样简化了视图的复杂度，用户可以很方便地查看实体的几何关系。

1. 利用实体的属性管理器显示几何关系

双击要查看的项目实体，视图中就会出现该项目实体的几何关系图标符号，并且会在系统弹出的属性管理器"现有几何关系"栏中显示现有几何关系。图 2-95a 所示为显示几何关系前的图形，图 2-95b 所示为显示几何关系后的图形。图 2-96 所示为双击图 2-95a 中直线 1 后的"线条属性"属性管理器，在"现有几何关系"栏中显示了直线 1 所有的几何关系。

2. 利用"显示 / 删除几何关系"属性管理器显示几何关系

在草图编辑状态下，在菜单栏中选择"工具"→"几何关系"→"显示 / 删除"命令，或者单击"尺寸 / 几何关系"工具栏中的"显示 / 删除几何关系"按钮⊥，此时系统弹出"显示 / 删除几何关系"属性管理器。如果没有选择某一草图实体，则会显示所有草图实体的几何关系；如果执行该命令前选择了某一草图实体，则只显示该实体的几何关系。

2.5.4　删除几何关系

如果不需要某一项目实体的几何关系，就需要删除该几何关系。与显示几何关系相对应，删除几何关系也有两种方法：

1）利用实体的属性管理器删除几何关系。双击要查看的项目实体，系统弹出实体的属性管理器，在"现有几何关系"栏中显示了现有几何关系。以图 2-96 所示为例，如果要删除其中的"竖直"几何关系，单击选取"竖直"几何关系，然后按 Delete 键即可。

2）利用"显示 / 删除几何关系"属性管理器删除几何关系。以图 2-97 所示为例，在"显示/删除几何关系"属性管理器中选取"竖直"几何关系，然后单击属性管理器中的"删除"按钮。如果要删除项目实体的所有几何关系，可单击属性管理器中的"删除所有"按钮。

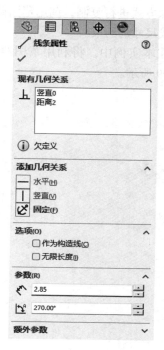

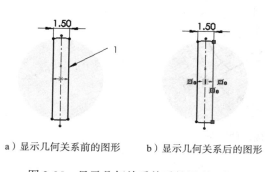

a）显示几何关系前的图形　　b）显示几何关系后的图形

图 2-95　显示几何关系前后的图形比较

图 2-96　"线条属性"属性管理器

图 2-97　"显示/删除几何关系"属性管理器

2.6 综合实例——连接片截面草图

由于图形关于两竖直坐标轴对称，所以先绘制除圆以外的关于轴对称部分的实体图形，利用镜像方式进行复制，调用草图圆绘制命令，再将均匀分布的小圆进行环形阵列，在绘制过程中完成尺寸的约束。

在本实例中，将利用草图绘制工具绘制如图 2-98 所示的连接片截面草图。绘制流程如图 2-99 所示。

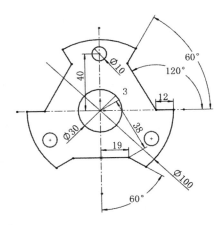

图 2-98　连接片截面草图

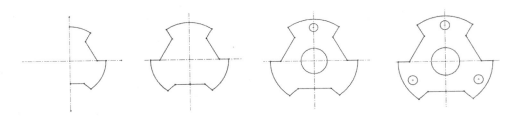

图 2-99　连接片截面草图绘制流程

1）新建文件。启动 SOLIDWORKS 2024，选择菜单栏中的"文件"→"新建"命令，弹出"新建 SOLIDWORKS 文件"对话框，选择"零件"按钮，单击"确定"按钮，进入零件设计状态。

2）设置基准面。在设计树中选择前视基准面，此时前视基准面变为蓝色。

3）绘制中心线。单击"草图"选项卡中的"草图绘制"按钮，进入草图绘制界面。单击"草图"选项卡中的"中心线"按钮，绘制水平和竖直的中心线。

4）绘制草图。单击"草图"选项卡中的"直线"按钮和"圆"按钮，绘制如图 2-100 所示的草图。

5）标注尺寸。单击"草图"选项卡中的"智能尺寸"按钮，进行尺寸约束。单击"草图"选项卡中的"剪裁实体"按钮，修剪掉多余的圆弧线，如图 2-101 所示。

6）镜像图形。单击"草图"选项卡中的"镜像实体"按钮，选择竖直轴线右侧的实体图形作为复制对象，以竖直中心线段为镜像轴，进行实体镜像，如图 2-102 所示。

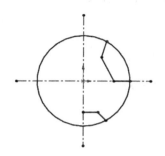

图 2-100　绘制草图

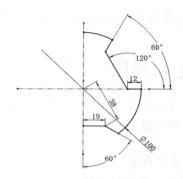

图 2-101　标注尺寸

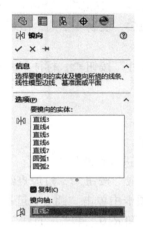

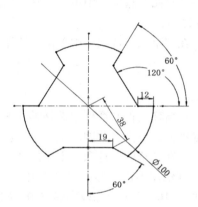

图 2-102　镜像实体图形

7）草绘图形。单击"草图"选项卡中的"圆"按钮 ⊙，绘制直径分别为 10mm 和 30mm 的圆，并单击"草图"选项卡中的"智能尺寸"按钮 ，确定位置尺寸，如图 2-103 所示。

8）阵列草图。单击"草图"选项卡中的"圆周草图阵列"按钮 ，选择直径为 10mm 的小圆，设置阵列数目为 3，进行阵列，结果如图 2-104 所示。

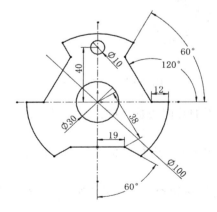

图 2-103　绘制圆并确定位置尺寸

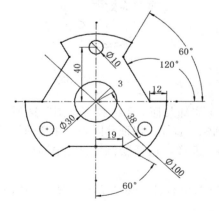

图 2-104　圆周草图阵列

9）保存草图。单击快速访问工具栏中的"保存"按钮■，保存文件。

2.7 上机操作

本节将通过两个操作练习使读者进一步掌握本章的知识要点。

1. 绘制挡圈

操作提示：

1）新建文件。在新建文件对话框中选择零件图标。

2）选择前视基准面，单击"草图"选项卡中的"草图绘制"按钮■，进入草图绘制模式。

3）绘制中心线。在"草图"选项卡中单击"中心线"按钮，绘制中心线。

4）绘制圆。在"草图"选项卡中单击"圆"按钮⊙，绘制4个圆，出现尺寸对话框，输入如图 2-105 所示的尺寸。

5）尺寸标注。在"草图"选项卡中单击"智能尺寸"按钮，标注尺寸如图 2-105 所示。

2. 绘制压盖

操作提示：

1）新建文件。在新建文件对话框中选择零件图标。

2）选择前视基准面，单击"草图绘制"按钮■，进入草图绘制模式。

3）绘制中心轴。在"草图"选项卡中单击"中心线"按钮，过原点绘制如图中心轴。

4）绘制中心对称轴左半边图形，在"草图"选项卡中单击"圆心/起/终点画弧（T）"按钮，分别绘制如图 2-106 所示的三段圆弧 *R*10、*R*19 和 *R*10。单击"直线"按钮，绘制直线连接圆弧 *R*10 和 *R*19。单击"圆"按钮⊙，绘制 ϕ10 的圆。

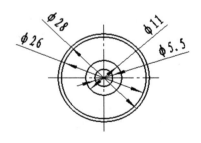

图 2-105　绘制挡圈

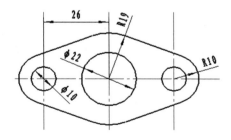

图 2-106　绘制压盖

5）添加几何关系。在"草图"选项卡中单击"添加几何关系"按钮，选择图 2-106 所示的圆弧、直线，保证其同心、相切的关系。

6）镜像。选择绘制完成的图形，以中心线为对称轴，进行镜像，得到如图 2-106 所示压盖。

7）尺寸标注。在"草图"选项卡单击"智能尺寸"按钮，标注尺寸如图 2-106 所示。

第 3 章　基础特征建模

导读

> 　　草图绘制和标注完毕后，就可进行特征建模。特征是构成三维实体的基本元素，复杂的三维实体是由多个特征组成的。特征建模是 SOLIDWORKS 的主要建模技术。特征建模就是将一个个特征组合起来，生成一个三维零件。
> 　　在 SOLIDWORKS 中，特征建模一般分为基础特征建模和附加特征建模两类。基础特征建模是三维实体最基本的生成方式，是单一的命令操作。

学　习　要　点

◎ 参考几何体

◎ 基础特征

3.1 参考几何体

在实际的设计建模过程中，有时需要更多的参考平面或者参考轴线以及相对的坐标系。SOLIDWORKS 中将这些参考平面或者参考轴线总称为参考几何体。本节将简要介绍参考几何体的概念和使用。

在建立 SOLIDWORKS 的三维实体模型中，系统会默认生成一个绝对坐标系，并伴有 3 个正交平面作为模型的参考平面，如图 3-1 所示。

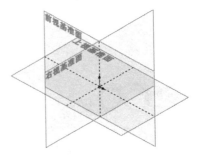

图 3-1 默认的参考平面

3.1.1 基准面

基准面可以用在零件或装配体中，通过使用基准面可以绘制草图、生成模型的剖面视图、生成扫描和放样中的轮廓面等。图 3-2 所示为一个通过长方体的边线与底面成 45° 角的基准面。下面介绍生成基准面的步骤。

1）在菜单栏中选择"插入"→"参考几何体"→"基准面"命令，或者单击"特征"选项卡"参考几何体"下拉列表中的"基准面"按钮📕，此时出现"基准面"属性管理器，如图 3-3 所示。

图 3-2 基准面

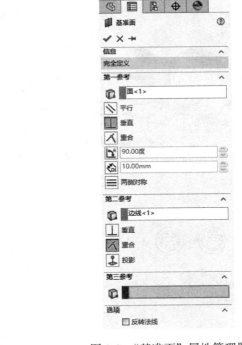

图 3-3 "基准面"属性管理器

2）可以通过以下几种方式来生成基准面。

① 选择一条边线、轴或草图线和一个点，或者选择 3 个点来生成基准面。

② 选择一个平面和一个不在该平面上的点，从而生成一个通过该点并平行于被选择面的基准面。

③ 选择一个平面和一条边线、轴线或草图线，并在"两面夹角"按钮🔼右面的微调框中指

定角度，从而生成一个通过边线、轴线或草图线，并与被选面成指定角度的基准面。

④ 选择一个平面，并在"偏移距离"按钮 右面的微调框中指定距离，则生成一个与被选面等距的基准面。

⑤ 选择一条边线、轴线或曲线上的一个点，则生成一个通过该点并垂直于所选边线、轴线或曲线的基准面。

⑥ 选择一个空间曲面上的一个点，则生成一个通过该点并与曲面相切的基准面。

3）在步骤2）中选取了基准面后，基准面便会出现在按钮 右侧的参考实体栏中，并在图形区域中出现基准面的预览效果。

4）如果要生成多个基准面，可单击"保持可见"按钮 ，使"基准面"属性管理器保持显示，继续步骤2）的操作，从而生成多个基准面。

5）单击"确定"按钮 ，生成基准面，新的基准面便会出现在模型树中。

3.1.2 基准轴

SOLIDWORKS 中的轴是指穿过圆锥面、圆柱体或圆周阵列中心的直线。SOLIDWORKS 为每一个圆柱或圆锥设置了一条轴线，称为临时轴。临时轴是由模型中的圆柱或圆锥隐含生成的，用户可以随时通过菜单命令"视图"→"隐藏 / 显示"→"临时轴"来隐藏或显示临时轴。

有时候仅有临时轴还不能满足建模的要求，还要求可以将任意的直线或两个平面的交线作为轴线，这时就需要将其设置为基准轴，插入基准轴有助于建造模型特征或阵列。下面介绍生成基准轴的步骤。

1）在菜单栏中选择"插入"→"参考几何体"→"基准轴"命令，或者单击"特征"选项卡上的"基准轴"按钮 。此时出现"基准轴"属性管理器，如图 3-4 所示。

2）在"选择"栏中选择想生成的基准轴类型及项目，生成基准轴。

图 3-4 "基准轴"属性管理器

① 单击"一直线 / 边线 / 轴"按钮 ，选择一条直线、边线或轴作为基准轴。

② 单击"两平面"按钮 ，选择两个平面，将两个平面的交线作为基准轴。

③ 单击"两点 / 顶点"按钮 ，选择两个点，将这两点之间的连线作为基准轴。

④ 单击"圆柱 / 圆锥面"按钮 ，选择圆柱或圆锥面，将圆柱或圆锥面对应的临时轴作为基准轴。

⑤ 单击"点和面 / 基准面"按钮 ，可以选择一个点和一个平面，将以这点到平面的垂线作为基准轴。

3）在步骤2）中选取了基准轴后，基准轴便出现在"参考实体"按钮 右侧的参考实体栏中，在图形区域中出现基准轴的预览效果。

4）如果要生成多个基准轴，可单击"保持可见"按钮 ，使"基准轴"属性管理器保持显示，继续步骤2），从而生成多个基准轴。

5）单击"确定"按钮 ，生成基准轴，新的基准轴便会出现在模型树中。

3.1.3 坐标系

在建立的 SOLIDWORKS 三维实体模型中，系统会默认地生成一个绝对坐标系。此外，SOLIDWORKS 还提供了设置相对坐标系的功能，该功能特别是在装配模型的工作中会带来很大的好处。下面介绍生成坐标系的操作步骤。

1）在菜单栏中选择"插入"→"参考几何体"→"坐标系"命令，或者单击"特征"选项卡"曲线"下拉列表中的"坐标系"按钮 ♪。此时出现"坐标系"属性管理器，如图 3-5 所示。

2）在"选择"栏中单击"原点"按钮 ♪ 右侧的原点栏，而后在图形区域中选择一个点作为新建坐标系的原点。此时新建的坐标系图标会显示在图形区域中。

因为 SOLIDWORKS 的坐标系是笛卡儿坐标系，满足右手准则，所以只要确定了坐标原点和两个正交轴就可以确定坐标系。对应的"坐标系"属性管理器中会有一个轴的栏目空缺。

3）单击"X 轴"栏目，在图形区域中选择一条直线作为新建坐标系的 X 轴。单击"X 轴"栏目中的"反转 X 轴方向"按钮 ⬚，可以改变 X 轴的方向。

图 3-5 "坐标系"属性管理器

4）仿照步骤 3）确定另一个轴的方向。

5）单击"确定"按钮 ✔，生成坐标系，新的坐标系便会出现在模型树中和图形区域中。

3.2 拉伸特征

拉伸特征是 SOLIDWORKS 中最基础的特征之一，也是最常用的特征建模工具。拉伸特征是将一个二维平面草图按照给定的数值沿与平面垂直的方向拉伸一段距离形成的特征。

图 3-6 所示为草图的拉伸过程。拉伸特征包括 3 个基本要素：

➤ 草图：是定义拉伸的基本轮廓，是拉伸特征最基本的要素。通常要求拉伸的草图是一个封闭的二维图形，并且不能有自相交叉的现象。

➤ 拉伸方向：是指拉伸特征的方向，有正、反两个方向。

➤ 终止条件：拉伸特征在拉伸方向上的终止位置。

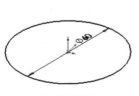
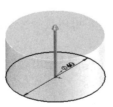
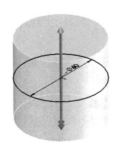

拉伸的草图   单向拉伸效果   双向拉伸效果

图 3-6 拉伸过程

1. 拉伸特征的操作步骤

1）执行命令。在草图编辑状态下，在菜单栏中选择"插入"→"凸台/基体"→"拉伸"命令，或者单击"特征"选项卡中的"拉伸凸台/基体"按钮📦，此时系统出现"凸台-拉伸"属性管理器，各栏的注释如图 3-7 所示。

2）设置属性管理器。按照设计需要对"凸台-拉伸"属性管理器进行参数设置，然后单击属性管理器中的"确定"按钮✔。

2. 拉伸特征的终止条件

不同的终止条件，对应的拉伸效果是不同的。SOLIDWORKS 提供了 7 种形式的终止条件，分别是：给定深度、完全贯穿、成形到顶点、成形到面、到离指定面指定的距离、成形到实体与两侧对称。在"终止条件"一栏的下拉菜单中可以选用需要的拉伸类型。下面将介绍不同终止条件下的拉伸效果。

图 3-7 "凸台-拉伸"属性管理器

（1）给定深度：从草图的基准面以指定的距离拉伸特征。图 3-8 所示为终止条件为"给定深度"，拉伸深度为 30mm 时的属性管理器及其预览效果。

（2）完全贯穿：从草图的基准面拉伸特征直到贯穿视图中所有现有的几何体。图 3-9 所示为终止条件为"完全贯穿"时的属性管理器及其预览效果。

图 3-8 终止条件为"给定深度"时的属性管理器及其预览效果

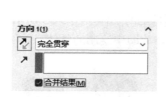
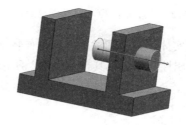

图 3-9 终止条件为"完全贯穿"时的属性管理器及其预览效果

（3）成形到顶点：从草图基准面拉伸特征到一个平面，这个平面平行于草图基准面且穿越指定的顶点。图 3-10 所示为终止条件为"成形到顶点"时的属性管理器及其预览效果，顶点为图中的点 1。

 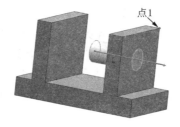

图 3-10　终止条件为"成形到顶点"时的属性管理器及其预览效果

（4）成形到面：从草图的基准面拉伸特征到所选的面以生成特征。该面既可以是平面也可以是曲面。图 3-11 所示为终止条件为"成形到面"时的属性管理器及其预览效果，面为图中的面 1。

 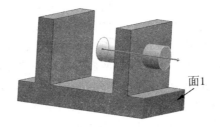

图 3-11　终止条件为"成形到面"时的属性管理器及其预览效果

（5）到离指定面指定的距离：从草图的基准面拉伸特征到距离某面特定距离处以生成特征。该面既可以是平面也可以是曲面。图 3-12 所示为终止条件为"到离指定面指定的距离"时的属性管理器及其预览效果，指定面为图中的面 1。

图 3-12　终止条件为"到离指定面指定的距离"时的属性管理器及其预览效果

（6）成形到实体：从草图的基准面拉伸特征到指定的实体。图 3-13 所示为终止条件为"成形到实体"时的属性管理器及其预览效果，所选实体为图中绘制的整体。

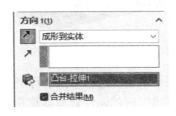 

图 3-13　终止条件为"成形到实体"时的属性管理器及其预览效果

（7）两侧对称：从草图的基准面向两个方向对称拉伸特征。图 3-14 所示为终止条件为"两侧对称"时的属性管理器及其预览效果。

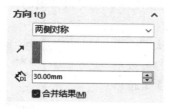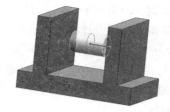

图 3-14　终止条件为"两侧对称"时的属性管理器及其预览效果

3. 拔模拉伸

在拉伸形成特征时，SOLIDWORKS 提供了拉伸为拔模特征的功能。单击"拔模开关"按钮，在"拔模角度"栏中输入需要的拔模角度。还可以利用"向外拔模"复选框，选择是向外拔模还是向内拔模。

图 3-15 所示为设置拔模特征的"凸台 - 拉伸"属性管理器及其拉伸图形。

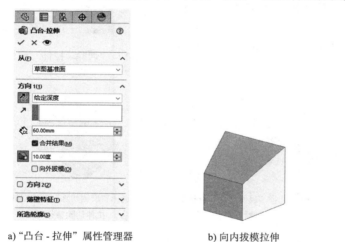

a)"凸台 - 拉伸"属性管理器　　　b) 向内拔模拉伸　　　c) 向外拔模拉伸

图 3-15　拔模特征的"凸台 - 拉伸"属性管理器及其拉伸图形

4. 薄壁特征拉伸

在拉伸形成特征时，SOLIDWORKS 提供了拉伸为薄壁特征的功能。如果选中"凸台 - 拉伸"属性管理器中的"薄壁特征"复选框，则可以拉伸为薄壁特征，否则拉伸为实体特征。薄壁特征基体通常用作钣金零件的基础。

图 3-16 所示为薄壁特征复选框及其拉伸图形。

图 3-16　薄壁特征复选框及其拉伸图形

3.3 拉伸切除特征

拉伸切除特征是 SOLIDWORKS 中最基础的特征之一，也是最常用的特征建模工具。拉伸切除是在给定的基体上按照设计需要进行拉伸切除。

图 3-17 所示为"切除 - 拉伸"属性管理器，从图中可以看出，其参数与"凸台 - 拉伸"属性管理器中的参数基本相同，只是增加了"反侧切除"复选框。该选项是指移除轮廓外的所有实体。

下面介绍切除 - 拉伸特征的操作步骤。

1）执行命令。在草图编辑状态下，在菜单栏中选择"插入"→"切除"→"拉伸"命令，或者单击"特征"选项卡中的"拉伸切除"按钮，此时系统出现"切除 - 拉伸"属性管理器，如图 3-17 所示。

2）设置属性管理器。按照设计需要对"切除 - 拉伸"属性管理器进行参数设置，然后单击属性管理器中的"确定"按钮 ✔。

下面以图 3-18 所示为例，说明"反侧切除"复选框拉伸切除的特征效果。

图 3-17 "切除 - 拉伸"属性管理器

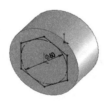

a) 绘制的草图轮廓

b) 未选择"反侧切除"复选框的拉伸切除特征

c) 选择"反侧切除"复选框的拉伸切除特征

图 3-18 "反侧切除"复选框的拉伸切除特征

3.4 旋转特征

旋转特征命令是通过绕中心线旋转一个或多个轮廓来生成特征。旋转轴和旋转轮廓必须位于同一个草图中，旋转轴一般为中心线，旋转轮廓必须是一个封闭的草图，不能穿过旋转轴，但是可以与旋转轴接触。

旋转特征应用比较广泛，是比较常用的特征建模工具，主要应用在以下零件的建模中：

➢ 环形零件（见图 3-19）。
➢ 球形零件（见图 3-20）。
➢ 轴类零件（见图 3-21）。
➢ 形状规则的轮毂类零件（见图 3-22）。

图 3-19 环形零件

图 3-20　球形零件

图 3-21　轴类零件

图 3-22　形状规则的轮毂类零件

1. 旋转特征的操作步骤

1）绘制旋转轴和旋转轮廓。在草图绘制状态下，绘制旋转轴和旋转轮廓草图。

2）执行命令。在菜单栏中选择"插入"→"凸台/基体"→"旋转"命令，或者单击"特征"选项卡中的"旋转凸台/基体"按钮 ，此时系统出现"旋转"属性管理器，各栏的注释如图 3-23 所示。

图 3-23　"旋转"属性管理器

3）设置属性管理器。按照设计需要对"旋转"属性管理器中的各栏参数进行设置。

4）确认旋转图形。单击属性管理器中的"确定"按钮 ，完成实体旋转。

 注意：

1）实体旋转轮廓可以是一个或多个交叉或非交叉草图。

2）薄壁或曲面旋转特征的草图轮廓可包含多个开环的或闭环的相交轮廓。

3）当在旋转中心线内为旋转特征标注尺寸时，将生成旋转特征的半径尺寸。如果通过旋转中心线外为旋转特征标注尺寸，将生成旋转特征的直径尺寸。

2. 旋转类型

不同的旋转类型，对应的旋转效果是不同的。SOLIDWORKS 提供了 3 种形式的终止条件：

单向、两侧对称与两个方向。在"旋转类型"一栏的下拉菜单中可以选用需要的旋转类型。

（1）单向：从草图基准面以单一方向生成旋转特征。图 3-24 所示为旋转类型为"给定深度"、旋转角度为 260 度时的属性管理器及其预览效果。

（2）两侧对称：从草图基准面以顺时针和逆时针两个方向生成旋转特征，两个方向的旋转角度相同，旋转轮廓草图位于旋转角度的中央。图 3-25 所示为旋转类型为"两侧对称"，旋转角度为 260 度时的属性管理器及其预览效果。

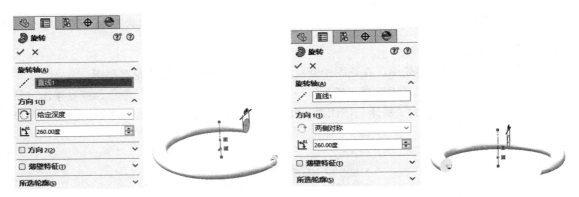

图 3-24　旋转类型为"给定深度"及其预览效果　　图 3-25　旋转类型为"两侧对称"及其预览效果

（3）两个方向：从草图基准面以顺时针和逆时针两个方向生成旋转特征，两个方向旋转角度为属性管理器中设定的值。图 3-26 所示为旋转类型为两个方向，"方向 1"旋转角度为 260 度、"方向 2"旋转角度为 45 度时的属性管理器及其预览效果。

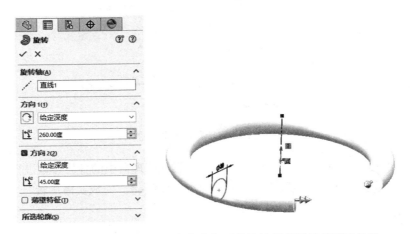

图 3-26　旋转类型为"两个方向"时的属性管理器及其预览效果

3. 薄壁特征旋转

在旋转形成特征时，SOLIDWORKS 提供了旋转为薄壁特征的功能。如果选中"旋转"属性管理器中的"薄壁特征"复选框，可以旋转为薄壁特征，否则旋转为实体特征。

薄壁特征的旋转类型与旋转特征相同，这里不再赘述，参照前面的介绍。图 3-27 所示为"旋转"属性管理器及其旋转特征图形。

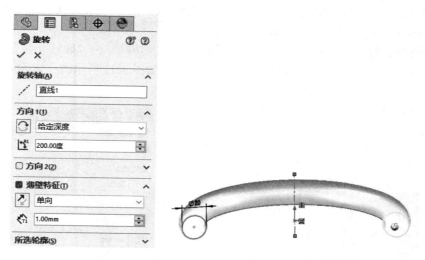

图 3-27 "旋转"属性管理器及其旋转特征图形

 注意：

在旋转特征时，旋转轴一般为中心线，但也可以是直线或一边线。如果图中含有两条以上中心线时或者旋转轴为其他类型线时，必须指定旋转轴。

3.5 旋转切除特征

旋转切除特征是在给定的基体上按照设计需要进行旋转切除。旋转切除与旋转特征的基本要素、参数类型和参数含义完全相同，这里不再赘述，请参考旋转特征的相应介绍。

【例 3-1】以绘制图 3-28 所示的图形为例，说明旋转切除特征的操作步骤。

1）新建零件图，设置基准面。在 FeatureManager 设计树中选择"前视基准面"作为绘制图形的基准面。

2）绘制草图。在菜单栏中选择"工具"→"草图绘制实体"→"圆"命令，或者单击"草图"选项卡中的"圆"按钮⊙，以原点为圆心绘制一个直径为 60mm 的圆。

3）拉伸图形。在菜单栏中选择"插入"→"凸台 / 基体"→"拉伸"命令，或者单击"特征"选项卡中的"拉伸凸台 / 基体"按钮◉，将步骤 2）绘制的草图拉伸为深度为 60mm 的圆柱体，结果如图 3-29 所示。

图 3-28 实例图形

图 3-29 拉伸图形

4）设置基准面。在 FeatureManager 设计树中选择"上视基准面"作为绘制图形的基准面。

5）绘制草图。在菜单栏中选择"工具"→"草图绘制实体"→"直线"命令和"中心线"命令，绘制草图并标注尺寸，结果如图 3-30 所示。

6）执行旋转切除命令。在菜单栏中选择"插入"→"切除"→"旋转"命令，或者单击"特征"选项卡中的"旋转切除"按钮，此时系统弹出如图 3-31 所示的"切除 - 旋转"属性管理器。

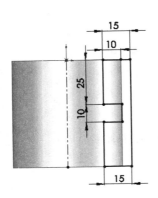

图 3-30 绘制草图并标注尺寸

图 3-31 "切除 - 旋转"属性管理器

7）设置属性管理器。在"切除 - 旋转"属性管理器中按照图 3-31 所示进行设置。

8）确认旋转切除特征。单击"切除 - 旋转"属性管理器中的"确定"按钮 ✔，结果如图 3-28 所示。

 注意：

在使用旋转特征和旋转切除特征命令时，绘制的草图轮廓必须是封闭的。如果草图轮廓不是封闭图形，系统会出现如图 3-32 所示的系统提示框，提示是否将草图封闭。若单击提示框中的"是"按钮，将封闭草图，生成实体特征。若单击提示框中的"否"按钮，不封闭草图，生成薄壁特征。

图 3-32 系统提示框

3.6 扫描特征

扫描特征是指通过沿着一条路径移动轮廓或者截面来生成基体、凸台与曲面。

扫描特征遵循以下规则：

对于基体或者凸台扫描特征，扫描轮廓必须是闭环的；对于曲面扫描特征轮廓，可以是闭环的，也可以是开环的。

路径可以为开环或闭环。

路径可以是一张草图、一条曲线或者一组模型边线中包含的一组草图曲线。

路径的起点必须位于轮廓的基准面上。

扫描特征包括 3 个基本参数，分别是扫描轮廓、扫描路径与引导线。其中扫描轮廓与扫描路径是必须的参数。

扫描方式通常有不带引导线的扫描方式、带引导线的扫描方式与薄壁特征的扫描方式。下面通过实例说明不同类型扫描方式的操作步骤。

1. 不带引导线的扫描方式

【例 3-2】以绘制如图 3-33 所示的弹簧为例，说明不带引导线的扫描特征的操作步骤。

1）新建零件图，设置基准面。在 FeatureManager 设计树中选择"前视基准面"作为绘制图形的基准面。

2）绘制草图。在菜单栏中选择"工具"→"草图绘制实体"→"圆"命令，或者单击"草图"选项卡中的"圆"按钮⊙，以原点为圆心绘制一个直径为 60mm 的圆。

3）绘制螺旋线。在菜单栏中选择"插入"→"曲线"→"螺旋线 / 涡状线"命令，或者单击"特征"选项卡"曲线"下拉列表中的"螺旋线和涡状线"按钮⊗，此时系统弹出如图 3-34 所示的"螺旋线 / 涡状线"属性管理器。按照图示进行设置后，单击属性管理器中的"确定"按钮✔。

4）设置视图方向。单击"视图（前导）"工具栏"定向视图"下拉列表中的"等轴测"按钮●，将视图以等轴测方向显示，结果如图 3-35 所示。

图 3-33　弹簧　　图 3-34　"螺旋线 / 涡状线"属性管理器　　图 3-35　等轴测视图

5）设置基准面。单击 FeatureManager 设计树中"右视基准面"，然后单击"视图（前导）"工具栏"定向视图"下拉列表中的"正视于"按钮↓，将该基准面作为绘制图形的基准面，结果如图 3-36 所示。

6）绘制草图。在菜单栏中选择"工具"→"草图绘制实体"→"圆"命令，或者单击"草图"选项卡中的"圆"按钮⊙，以螺旋线左上端点 1 为圆心绘制一个直径为 6mm 的圆。然

后退出草图绘制状态。

7）设置视图方向。单击"视图（前导）"工具栏"定向视图"下拉列表中的"等轴测"按钮，将视图以等轴测方向显示，结果如图 3-37 所示。

8）执行扫描命令。在菜单栏中选择"插入"→"凸台 / 基体"→"扫描"命令，或者单击"特征"选项卡中的"扫描"按钮，执行扫描命令。

9）设置属性管理器。系统弹出如图 3-38 所示的"扫描"属性管理器。在"轮廓"栏中，选择图 3-37 中的圆 1，在"路径"栏中选择生成的螺旋线 2，按照图 3-38 所示进行设置。

10）确认扫描特征。单击"扫描"属性管理器中的"确定"按钮，结果如图 3-33 所示。

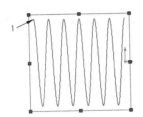

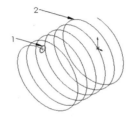

图 3-36　设置的基准面　　图 3-37　等轴测视图　　图 3-38　"扫描"属性管理器

2. 带引导线的扫描方式

【例 3-3】以绘制如图 3-39 所示的葫芦为例，说明带引导线的扫描特征的操作步骤。

1）新建零件图，设置基准面。在 FeatureManager 设计树中选择"前视基准面"作为绘制图形的基准面。

2）绘制路径草图。在菜单栏中选择"工具"→"草图绘制实体"→"直线"命令，或者单击"草图"选项卡中的"直线"按钮，以原点为起点绘制一条长度为 90mm 的竖直直线，结果如图 3-40 所示，然后退出草图绘制状态。

3）设置基准面。在 FeatureManager 设计树中选择"前视基准面"作为绘制图形的基准面。

4）绘制引导线草图。在菜单栏中选择"工具"→"草图绘制实体"→"样条曲线"命令，或者单击"草图"选项卡中的"样条曲线"按钮，绘制如图 3-41 所示的图形并标注尺寸，然后退出草图绘制状态。

5）设置基准面。在 FeatureManager 设计树中选择"上视基准面"作为绘制图形的基准面。

6）绘制轮廓草图。在菜单栏中选择"工具"→"草图绘制实体"→"圆"命令，或者单击"草图"选项卡中的"圆"按钮，以原点为圆心绘制一个圆，并添加几何关系，最后退出草图绘制状态。

7）设置视图方向。单击"视图（前导）"工具栏"定向视图"下拉列表中的"等轴测"按钮，将视图以等轴测方向显示，结果如图 3-42 所示。

图 3-39 葫芦

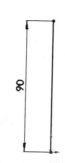

图 3-40 绘制路径草图

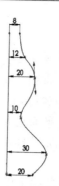

图 3-41 绘制引导线草图

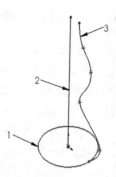

图 3-42 等轴测视图

8）执行扫描命令。在菜单栏中选择"插入"→"凸台/基体"→"扫描"命令，或者单击"特征"选项卡中的"扫描"按钮 🪱，此时系统弹出如图 3-43 所示的"扫描"属性管理器。

9）设置属性管理器。在"扫描"属性管理器的"轮廓"栏中选择图 3-42 中的圆 1，在"路径"栏中选择图 3-42 中的直线 2，在"引导线"栏中选择图 3-42 中的样条曲线 3，按照图 3-43 所示进行设置。

10）确认扫描特征。单击"扫描"属性管理器中的"确定"按钮 ✔，扫描特征完毕，结果如图 3-39 所示。

3. 薄壁特征的扫描方式

以绘制如图 3-44 所示的薄壁葫芦为例，说明带薄壁扫描特征的操作步骤。操作步骤与"带引导线的扫描方式"基本相同，只是最后一步中的"扫描"属性管理器的设置不同，在属性管理器中选择了"薄壁特征"复选栏，"扫描"属性管理器的设置如图 3-45 所示。

图 3-43 "扫描"属性管理器

图 3-44 薄壁葫芦

图 3-45 "扫描"属性管理器

3.7 放样特征

放样特征是通过两个或者多个轮廓按一定顺序过渡生成的实体特征。放样可以是基体、凸台、切除或曲面。在生成放样特征时，可以使用两个或多个轮廓生成放样，仅第一个或最后一个轮廓可以是点，也可以这两个轮廓均为点。对于实体放样，第一个和最后一个轮廓必须是由分割线生成的模型面或面，或是平面轮廓或曲面。

放样特征与扫描特征不同的是放样特征不需要有路径就可以生成实体。

放样特征遵循以下规则：

> 创建放样特征，至少需要两个以上的轮廓。放样时，对应的点不同，产生的效果也不同。如果要创建实体特征，轮廓必须是闭合的。

> 创建放样特征时，引导线可有可无。需要引导线时，引导线必须与轮廓接触。加入引导线的目的是控制轮廓根据引导线的变化，有效地控制模型的外形。

放样特征包括两个基本参数，即轮廓与引导线。下面通过实例说明不同类型的放样方式。

1. 不带引导线的放样方式

【例 3-4】以绘制如图 3-46 所示的锥体为例，说明不带引导线的放样特征的操作步骤。

1）新建零件图，设置基准面。在 FeatureManager 设计树中选择"上视基准面"作为绘制图形的基准面。

2）绘制草图。在菜单栏中选择"工具"→"草图绘制实体"→"圆"命令，或者单击"草图"选项卡中的"圆"按钮 ⊙，以原点为圆心绘制一个直径为 60mm 的圆。结果如图 3-47 所示，然后退出草图绘制状态。

图 3-46 锥体

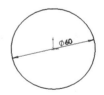

图 3-47 绘制圆

3）设置视图方向。单击"视图（前导）"工具栏"定向视图"下拉列表中的"等轴测"图标 🔾，将视图以等轴测方向显示。

4）添加基准面。在 FeatureManager 设计树中选择"上视基准面"，然后在菜单栏中选择"插入"→"参考几何体"→"基准面"命令，或者单击"特征"选项卡中的"基准面"按钮 🔳，此时系统弹出如图 3-48 所示的"基准面"属性管理器。在"等距距离"栏中输入 40mm，单击属性管理器中的"确定"按钮 ✔，添加一个新的基准面，结果如图 3-49 所示。

5）设置基准面。单击步骤 4）添加的基准面，然后单击"视图（前导）"工具栏"定向视图"下拉列表中的"正视于"图标 ↓，将该基准面作为绘制图形的基准面。

6）绘制草图。在菜单栏中选择"工具"→"草图绘制实体"→"圆"命令，或者单击"草图"选项卡中的"圆"按钮 ⊙，以原点为圆心绘制一个直径为 30mm 的圆，然后退出草图绘制状态。

7）设置视图方向。单击"视图（前导）"工具栏"定向视图"下拉列表中的"等轴测"按钮 🔾，将视图以等轴测方向显示，结果如图 3-50 所示。

8）执行放样命令。在菜单栏中选择"插入"→"凸台/基体"→"放样"命令，或者单击"特征"选项卡中的"放样凸台/基体"按钮🔔，执行放样命令。

9）设置属性管理器。系统弹出如图3-51所示的"放样"属性管理器。在"轮廓"栏中，依次选择图3-50中的草图1和草图2，按照图3-51所示进行设置。

10）确认放样特征。单击"放样"属性管理器中的"确定"按钮✔，结果如图3-46所示。

图3-48　"基准面"属性管理器

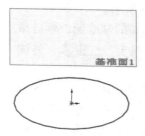

图3-49　添加的基准面

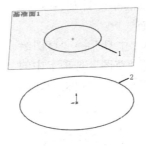

图3-50　等轴测视图

图3-51　"放样"属性管理器

2. 带引导线的放样方式

【例3-5】以绘制如图3-52所示的弯状物为例，说明带引导线的放样特征的操作步骤。

1）新建零件图，设置基准面。在FeatureManager设计树中选择"上视基准面"作为绘制图形的基准面。

2）绘制草图。在菜单栏中选择"工具"→"草图绘制实体"→"圆"命令，或者单击"草图"选项卡中的"圆"⊙，以原点为圆心绘制一个直径为30mm的圆。结果如图3-53所示，然后退出草图绘制状态。

图3-52　弯状物

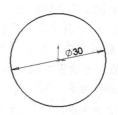

图3-53　绘制圆

3）设置视图方向。单击"视图（前导）"工具栏"定向视图"下拉列表中的"等轴测"按钮，将视图以等轴测方向显示。

4）添加基准面。在 FeatureManager 设计树中选择"右视基准面"，然后在菜单栏中选择"插入"→"参考几何体"→"基准面"命令，或者单击"特征"选项卡中的"基准面"按钮，此时系统弹出如图 3-54 所示的"基准面"属性管理器。在"偏移距离"栏中输入 60mm，单击属性管理器中的"确定"按钮，添加一个新的基准面，结果如图 3-55 所示。

5）设置基准面。单击上一步添加的基准面，然后单击"视图（前导）"工具栏中的"正视于"按钮，将该基准面作为绘制图形的基准面。

6）绘制草图。在菜单栏中选择"工具"→"草图绘制实体"→"圆"命令，或者单击"草图"选项卡中的"圆"按钮，在原点的正上方绘制一个直径为 30mm 的圆，并标注尺寸，结果如图 3-56 所示，然后退出草图绘制状态。

7）设置基准面。在 FeatureManager 设计树中选择"前视基准面"作为绘制图形的基准面。

8）绘制草图。在菜单栏中选择"工具"→"草图绘制实体"→"直线"命令，或者单击"草图"选项卡中的"直线"按钮，绘制如图 3-57 所示的直线，并标注尺寸。

图 3-54 "基准面"属性管理器

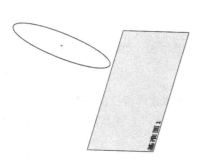

图 3-55 添加新的基准面

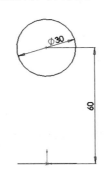

图 3-56 绘制圆并标注尺寸

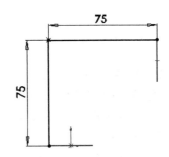

图 3-57 绘制直线并标注尺寸

9）圆角草图。在菜单栏中选择"工具"→"草图绘制工具"→"圆角"命令，或者单击"草图"选项卡中的"绘制圆角"按钮，将两直线的交点处以半径为 30mm 进行圆角，结果如图 3-58 所示，然后退出草图绘制状态。

10）设置视图方向。单击"视图（前导）"工具栏"视图定向"下拉列表中的"等轴测"按钮，将视图以等轴测方向显示，结果如图 3-59 所示。

11）执行放样命令。在菜单栏中选择"插入"→"凸台/基体"→"放样"命令，或者单击"特征"选项卡中的"放样凸台/基体"按钮，执行放样命令，系统弹出如图 3-60 所示的"放样"属性管理器。

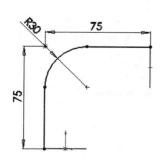

图 3-58　圆角草图

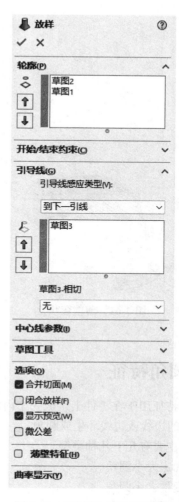

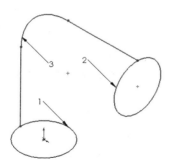

图 3-59　等轴测视图

图 3-60　"放样"属性管理器

12）设置属性管理器。在"轮廓"栏中依次选择如图 3-59 所示的草图 1 和草图 2，在"引导线"栏中选择如图 3-59 所示的草图 3，按照图 3-60 所示进行设置。

13）确认放样特征。单击"放样"属性管理器中的"确定"按钮 ✔，结果如图 3-52 所示。

3.薄壁特征的放样方式

以绘制如图 3-61 所示的薄壁弯状物为例，说明带薄壁放样特征的操作步骤。操作步骤与"带引导线的放样方式"基本相同，只是最后一步中的"放样"属性管理器的设置不同，在属性管理器中选择"薄壁特征"复选框。"放样"属性管理器设置如图 3-62 所示。

 注意：

在使用 3 个以上的轮廓进行放样时，轮廓必须顺序选取，不能间隔选取，否则结果会和预期的效果不一样。

图 3-61　薄壁弯状物　　　　　　　　　　图 3-62　"放样"属性管理器

3.8　圆角特征

圆角特征用于在零件上生成一个内圆角或外圆角。可以为一个面的所有边线、所选的多组面、所选的边线或边线环生成圆角。

圆角主要有几下几种类型：

➢ 固定大小圆角。

➢ 变量大小圆角。

➢ 面圆角。

➢ 完整圆角。

生成圆角特征遵循以下规则：

➢ 在添加小圆角之前添加较大圆角。当有多个圆角会聚于一个顶点时，先生成较大的圆角。

➢ 在生成圆角前先添加拔模。如果要生成具有多个圆角边线及拔模面的铸模零件，在大多数的情况下，应在添加圆角之前添加拔模特征。

➢ 最后添加装饰用的圆角。在大多数其他几何体定位后再添加装饰圆角。如果先添加装饰圆角，则系统需要花费比较长的时间重建零件。

➢ 尽量使用一个单一圆角操作来处理需要相同半径圆角的多条边线，这样可以加快零件重建的速度。

下面通过实例介绍不同圆角类型的操作步骤。

1. 等半径圆角

等半径圆角用于生成具有相等半径的圆角，可以用于单一边线圆角、多边线圆角、面边线圆角、多重半径圆角及沿切面进行圆角等。

【例 3-6】以如图 3-63 所示的正方体模型为例，介绍等半径圆角的操作步骤。正方体的边长为 60mm。

1）新建正方体零件，执行圆角命令。在菜单栏中选择"插入"→"特征"→"圆角"命令，或者单击"特征"选项卡中的"圆角"按钮 ，执行圆角命令。此时系统弹出如图 3-64 所示的"圆角"属性管理器。

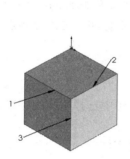

图 3-63　正方体模型　　　　　　　　　　图 3-64　"圆角"属性管理器

2）设置属性管理器。按照图 3-64 所示进行设置后，选择图 3-63 中的边线 1 和边线 2。

3）确认圆角特征。单击"圆角"属性管理器中的"确定"按钮 ，结果如图 3-65 所示。

重复圆角命令，继续将图 3-63 中的边线 3 进行圆角。图 3-66 所示为"圆角"属性管理器中的"要圆角化的项目"一栏的设置，选中"切线延伸"复选框，圆角结果如图 3-67 所示。图 3-68 所示为"圆角"属性管理器中的"要圆角化的项目"栏的设置中取消"切线延伸"复选框，圆角结果如图 3-69 所示。

图 3-65　圆角图形 1　　　图 3-66　"要圆角化的项目"设置　　　图 3-67　圆角图形 2

图 3-68　"要圆角化的项目"设置

图 3-69　圆角图形 3

从图 3-67 和图 3-69 所示可以看出，是否选择"切线延伸"复选框，圆角的结果是不同的。切线延伸用于将圆角延伸到所有与所选面相切的面。

2. 变半径圆角

变半径圆角用于在同一条边线上生成变半径的圆角，变半径圆角通过为待处理边线上指定控制点并为每个控制点指定不同的半径来实现。

使用控制点需要注意以下事项：

➤ 可以给每个控制点指定一个半径值，或者给一个或两个闭合顶点指定数值。

➤ 系统默认使用 3 个控制点，分别位于沿边线 25%、50% 及 75% 的等距离增量处。

➤ 可以通过两种方式来改变控制点的位置，第一种为在标注中更改控制点的百分比；第二种为选中控制点，将之拖动到新的位置。

➤ 可以在进行圆角处理的边线上添加或删减控制点。

【例 3-7】 以实例说明变半径圆角的操作步骤。

1）新建零件图，设置基准面。在 FeatureManager 设计树中选择"前视基准面"作为绘制图形的基准面。

2）绘制草图。在菜单栏中选择"工具"→"草图绘制实体"→"边角矩形"命令，或者单击"草图"选项卡中的"边角矩形"按钮 □，以原点为一角点绘制一个边长为 60mm 的正方形，结果如图 3-70 所示。

3）拉伸实体。在菜单栏中选择"插入"→"凸台 / 基体"→"拉伸"命令，或者单击"特征"选项卡中的"拉伸凸台 / 基体"按钮 📦，将步骤 2）绘制的草图拉伸为"深度"为 60mm 的实体，结果如图 3-71 所示。

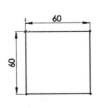

图 3-70　绘制草图

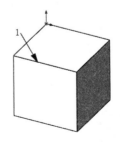

图 3-71　拉伸实体

4）执行圆角命令。在菜单栏中选择"插入"→"特征"→"圆角"命令，或者单击"特征"选项卡中的"圆角"按钮 📦，此时系统弹出"圆角"属性管理器。

5）设置圆角类型。在"圆角类型"栏中选择"变量大小圆角"按钮，。在"要圆角化的项目"栏中，选择图 3-71 中的边线 1。此时顶点列举在"变半径参数"栏中，"实例数"为系统默认的 3，位置位于边线的 25%、50% 及 75% 处，如图 3-72 所示。

6）设置属性管理器中的圆角半径。单击"圆角"属性管理器中"变半径参数"栏中的 V1，然后在"半径"栏中输入半径 30mm。重复此命令，将 V2 处设置半径为 10mm。

7）设置视图中的圆角半径。单击图 3-72 中的 P1，将其半径设置为 10mm。重复此命令，将 P2 处半径设置为 20mm，将 P3 处半径设置为 10mm，其设置及预览效果如图 3-73 所示。在变半径的过程中，要注意"变半径参数"栏相应的变化。

8）确认圆角特征。单击"圆角"属性管理器中的"确定"按钮，结果如图 3-74 所示。

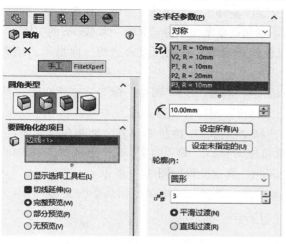

图 3-72　"圆角"属性管理器

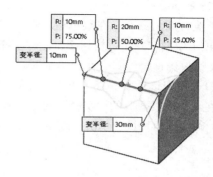

图 3-73　设置变量大小圆角预览效果

注意：

可以通过选择某一控制点并按 Ctrl 键，拖动光标在一新位置添加一个控制点；可以从右击弹出的快捷菜单中选择"删除"选项来移除某一特定控制点。图 3-75 所示为添加控制点并移动控制点位置后的预览圆角效果图。

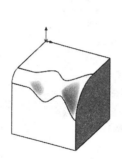

图 3-74　圆角图形

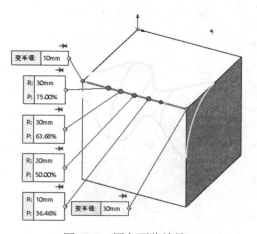

图 3-75　圆角预览效果

3. 面圆角

面圆角用于对非相邻和非连续的两组面进行圆角。

【例 3-8】以绘制如图 3-76 所示的图形为实例，说明面圆角的
操作步骤。

1）新建零件图，设置基准面。在 FeatureManager 设计树中选
择"前视基准面"作为绘制图形的基准面。

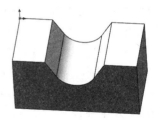

图 3-76 面圆角后的图形

2）绘制草图。在菜单栏中选择"工具"→"草图绘制实
体"→"直线"命令，或者单击"草图"选项卡中的"直线"按
钮 ⁄，绘制如图 3-77 所示的草图并标注尺寸。

3）拉伸实体。在菜单栏中选择"插入"→"凸台/基体"→"拉伸"命令，或者单击"特征"
选项卡中的"拉伸凸台/基体"按钮 ᓮ，将步骤 2）绘制的草图拉伸为"深度"为 60mm 的实体。

4）设置视图方向。按住鼠标中键，拖动鼠标旋转视图，将视图以合适的方向显示，结果
如图 3-78 所示。

5）执行圆角命令。在菜单栏中选择"插入"→"特征"→"圆角"命令，或者单击"特
征"选项卡中的"圆角"按钮 ᓮ，此时系统弹出"圆角"属性管理器。

6）设置属性管理器。在"圆角类型"栏中选择"面圆角"按钮 ᓮ，在"要圆角化的项目"
的"面 1"栏中选择图 3-78 中的面 1，在"要圆角化的项目"的"面 2"栏中选择图 3-78 中的
面 2，在"圆角参数"的"半径"ᓮ 栏中输入 20mm，其他设置如图 3-79 所示。

7）确认圆角特征。单击"圆角"属性管理器中的"确定"按钮 ✓，结果如图 3-76 所示。

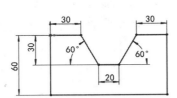

图 3-77 绘制草图并标注尺寸

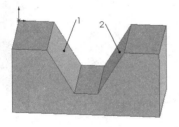

图 3-78 拉伸的草图

图 3-79 "圆角"属性管理器

注意：

如果为面 1 或面 2 选择一个以上面，则每组面必须平滑连接以使面圆角延伸到所有面。

4. 完整圆角

完整圆角用于生成相切于 3 个相邻面组的圆角，中央面将被圆角替代，中央面圆角的半径取决与设置的圆弧的半径。

【例 3-9】以绘制如图 3-80 所示的图形为例，说明完整圆角的操作步骤。

1）新建零件图，设置基准面。在 FeatureManager 设计树中选择"前视基准面"作为绘制图形的基准面。

2）绘制草图。在菜单栏中选择"工具"→"草图绘制实体"→"边角矩形"命令，或者单击"草图"选项卡中的"边角矩形"按钮□，以原点为一角点绘制一个矩形并标注尺寸。结果如图 3-81 所示。

3）拉伸实体。在菜单栏中选择"插入"→"凸台/基体"→"拉伸"命令，或者单击"特征"选项卡中的"拉伸凸台/基体"按钮⬛，将步骤 2）绘制的草图拉伸为"深度"为 30mm 的实体。

图 3-80 完整圆角后的图形

4）设置视图方向。单击"视图（前导）"工具栏"定向视图"下拉列表中的"等轴测"按钮⬛，将视图以等轴测方向显示，结果如图 3-82 所示。

5）执行圆角命令。在菜单栏中选择"插入"→"特征"→"圆角"命令，或者单击"特征"选项卡中的"圆角"按钮⬛，此时系统弹出"圆角"属性管理器。

6）设置属性管理器。在"圆角类型"栏中选择"完整圆角"按钮⬛；在"要圆角化的项目"的"面 1"栏中选择图 3-82 中的面 1，在"要圆角化的项目"的"面 2"栏中选择图 3-82 中的面 2，在"要圆角化的项目"的"面 2"栏中选择图 3-82 中的与面 1 对应的背面，其他设置如图 3-83 所示。

7）确认圆角特征。单击"圆角"属性管理器中的"确定"按钮✔，结果如图 3-80 所示。

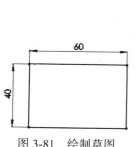

图 3-81 绘制草图

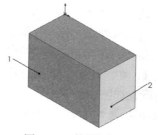

图 3-82 等轴测视图

图 3-83 "圆角"属性管理器

3.9 倒角特征

倒角特征是在所选的边线、面或顶点上生成的一个倾斜面。

倒角特征在设计中是一种为了去除锐边的工艺设计。倒角类型主要有以下五种：

➤ 角度 - 距离。

➤ 距离 - 距离。

➤ 顶点。

➤ 等距面。

➤ 面 - 面。

下面通过实例介绍几种倒角类型的操作步骤。

1. "角度 - 距离"倒角

"角度 - 距离"倒角是指通过设置倒角一边的距离和角度来对边线和面进行倒角。在绘制倒角的过程中，箭头所指的方向为倒角的距离边。

【例 3-10】以绘制如图 3-84 所示的图形为例，说明"角度 - 距离"倒角的操作步骤。

1）新建零件图，设置基准面。在 FeatureManager 设计树中选择"前视基准面"作为绘制图形的基准面。

2）绘制草图。在菜单栏中选择"工具"→"草图绘制实体"→"边角矩形"命令，或者单击"草图"选项卡中的"边角矩形"按钮□，以原点为一角点绘制一个矩形并标注尺寸，结果如图 3-85 所示。

3）拉伸实体。在菜单栏中选择"插入"→"凸台 / 基体"→"拉伸"命令，或者单击"特征"选项卡中的"拉伸凸台 / 基体"按钮◙，将步骤 2）绘制的草图拉伸为"深度"为 30mm 的实体。

4）设置视图方向。单击"视图（前导）"工具栏"定向视图"下拉列表中的"等轴测"按钮◙，将视图以等轴测方向显示，结果如图 3-86 所示。

图 3-84　倒角的图形

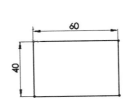

图 3-85　绘制草图

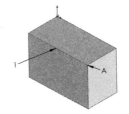

图 3-86　等轴测视图

5）执行倒角命令。在菜单栏中选择"插入"→"特征"→"倒角"命令，或者单击"特征"选项卡中的"倒角"按钮◙，此时系统弹出"倒角"属性管理器。

6）设置属性管理器。在"倒角类型"选项组中选择"角度距离"按钮◙，在"边线、面和环"◙栏中选择图 3-86 中的边线 1，在"倒角参数"选项组的"距离"◙栏中输入 10mm，在"角度"◙栏中输入 45 度，其他设置如图 3-87 所示。

7）确认倒角特征。单击"倒角"属性管理器中的"确定"按钮✔，结果如图 3-84 所示。

2. "距离 - 距离"倒角

"距离 - 距离"倒角是指通过设置倒角两侧距离的长度，或者通过"相等距离"复选框指定一个距离值进行倒角的方式。

【例 3-11】 以绘制图 3-86 中的边线 1 的倒角为例，说明"距离 - 距离"倒角的操作步骤。

1）执行倒角命令。在菜单栏中选择"插入"→"特征"→"倒角"命令，或者单击"特征"选项卡中的"倒角"按钮 ，此时系统弹出"倒角"属性管理器。

2）设置属性管理器。在"倒角类型"选项组中选择"距离 - 距离"按钮 ，在"边线、面和环" 栏中选择图 3-86 中的边线 1，在"距离 D1"栏中输入 10mm，在"距离 D2"栏中输入 20mm，其他设置如图 3-88 所示。

3）确认倒角特征。单击"倒角"属性管理器中的"确定"按钮 ，结果如图 3-89 所示。

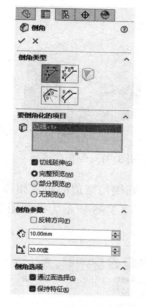
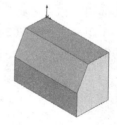

图 3-87　"倒角"属性管理器　　　图 3-88　"倒角"属性管理器　　　图 3-89　倒角的图形

选择"倒角方法"为"对称"，则倒角两边的距离相等，并且在"倒角"属性管理器中只需输入一个距离值。按照图 3-90 的"倒角"属性管理器进行设置的倒角图形如图 3-91 所示。

3. "顶点"倒角

"顶点"倒角是指通过设置每侧的 3 个距离值，或者通过"相等距离"复选框指定一个距离值进行倒角的方式。

【例 3-12】 以绘制图 3-86 中的顶点 A 的倒角为例，说明"顶点"倒角的操作步骤。

1）执行倒角命令。在菜单栏中选择"插入"→"特征"→"倒角"命令，或者单击"特征"选项卡中的"倒角"按钮 ，此时系统弹出"倒角"属性管理器。

2）设置属性管理器。在"倒角类型"选项组中选择"顶点"按钮 ，在"要倒角化的顶点" 栏中选择图 3-86 中的顶点 A，在"距离 D1"栏中输入 10mm，在"距离 2"栏中输入 20mm，在"距离 D3"栏中输入 30mm。其他设置如图 3-92 所示。

3）确认倒角特征。单击"倒角"属性管理器中的"确定"按钮 ，结果如图 3-93 所示。

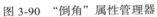

图 3-90　"倒角"属性管理器　　　　图 3-91　倒角的图形　　　　图 3-92　"倒角"属性管理器

　　　如果使用"相等距离"复选框，则倒角两边的距离相等，并且在"倒角"属性管理器中只需输入一个距离值，如图 3-94 所示。图 3-95 所示为按照图 3-94 所示的"倒角"属性管理器进行设置的倒角图形。

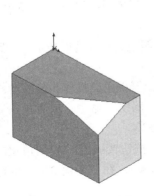

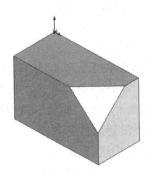

图 3-93　倒角的图形　　　　图 3-94　"倒角"属性管理器　　　　图 3-95　倒角的图形

3.10　拔模特征

拔模特征是以指定的角度斜削模型中所选的面。拔模特征是模具设计中常采用的方式，其应用之一是可使型腔零件更容易脱出模具。可以在现有的零件上插入拔模，或者在拉伸特征时进行拔模，也可以将拔模应用到实体或曲面模型。

拔模主要有以下三种类型：

> 中性面拔模。
> 分型线拔模。
> 阶梯拔模。

下面通过实例介绍不同拔模类型的操作步骤。

1. 中性面拔模

在中性面拔模中，中性面不仅确定拔模的方向，而且作为拔模的参考基准。使用中性面拔模可拔模一些外部面、所有外部面、一些内部面、所有内部面、相切的面或者内部和外部面组合。

【例 3-13】通过实例介绍中性面拔模的操作步骤。

1）新建零件图，设置基准面。在 FeatureManager 设计树中选择"前视基准面"作为绘制图形的基准面。

2）绘制草图。在菜单栏中选择"工具"→"草图绘制实体"→"边角矩形"命令，或者单击"草图"选项卡中的"边角矩形"按钮□，以原点为一角点绘制一个矩形并标注尺寸，如图 3-96 所示。

3）拉伸实体。在菜单栏中选择"插入"→"凸台 / 基体"→"拉伸"命令，或者单击"特征"选项卡中的"拉伸凸台 / 基体"按钮⬛，将步骤 2）绘制的草图拉伸为"深度"为 60mm 的实体。

4）设置视图方向。单击"视图（前导）"工具栏"定向视图"下拉列表中的"等轴测"按钮⬛，将视图以等轴测方向显示，结果如图 3-97 所示。

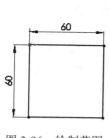
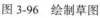

图 3-96　绘制草图

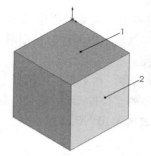

图 3-97　等轴测视图

5）执行拔模命令。在菜单栏中选择"插入"→"特征"→"拔模"命令，或者单击"特征"选项卡中的"拔模"按钮⬛，此时系统弹出如图 3-98 所示的"拔模 1"属性管理器。

6）设置属性管理器。在"拔模类型"栏中选择"中性面"选项，在"拔模角度"栏中输入 30 度，在"中性面"栏中选择图 3-97 中的面 1，在"拔模面"栏中选择图 3-97 所示的拔模特征。单击"拔模"属性管理器中的"确定"按钮✓，结果如图 3-99 所示。

图 3-98 "拔模"属性管理器

图 3-99 拔模的图形

2. 分型线拔模

分型线拔模可以对分型线周围的曲面进行拔模，分型线可以是空间曲线。如果要在分型线上拔模，可以首先插入一条分割线来分离要拔模的面，也可以使用现有的模型边线，然后再指定拔模方向，也就是指定移除材料的分型线一侧。

【例 3-14】通过实例介绍分型线拔模的操作步骤。

1）新建零件图，设置基准面。在 FeatureManager 设计树中选择"前视基准面"作为绘制图形的基准面。

2）绘制草图。在菜单栏中选择"工具"→"草图绘制实体"→"边角矩形"命令，或者单击"草图"选项卡中的"边角矩形"按钮 □，以原点为一角点绘制一个矩形并标注尺寸，如图 3-100 所示。

3）拉伸实体。在菜单栏中选择"插入"→"凸台/基体"→"拉伸"命令，或者单击"特征"选项卡中的"拉伸凸台/基体"按钮 ，将步骤 2）绘制的草图拉伸为"深度"为 60mm 的实体，结果如图 3-101 所示。

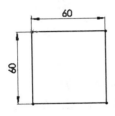

图 3-100 绘制草图

图 3-101 拉伸的图形

4）设置基准面。选择图 3-101 中的面 1，然后单击"视图（前导）"工具栏"定向视图"下拉列表中的"正视于"按钮 ，将该面作为绘制图形的基准面。

5）绘制草图。在菜单栏中选择"工具"→"草图绘制实体"→"边角矩形"命令，或者单击"草图"选项卡中的"边角矩形"按钮 □，在步骤 4）设置的基准面上绘制一个矩形并标注尺寸，如图 3-102 所示。

6）拉伸实体。在菜单栏中选择"插入"→"凸台 / 基体"→"拉伸"命令，或者单击"特征"选项卡中的"拉伸凸台 / 基体"按钮 ，将步骤 5）绘制的草图拉伸为"深度"为 60mm 的实体。

7）设置视图方向。单击"视图（前导）"工具栏"定向视图"下拉列表中的"等轴测"按钮 ，将视图以等轴测方向显示，结果如图 3-103 所示。

8）执行拔模命令。在菜单栏中选择"插入"→"特征"→"拔模"命令，或者单击"特征"选项卡中的"拔模"按钮 ，此时系统弹出如图 3-104 所示的"拔模 1"属性管理器。

9）设置属性管理器。在"拔模类型"栏中选择"分型线"选项，在"拔模角度"栏中输入 10 度，在"拔模方向"栏中选择图 3-103 中的面 1，在"分型线"栏中，选择图 3-103 中两实体相交的 4 条边线。

10）确认拔模特征。单击"拔模"属性管理器中的"确定"按钮 ，结果如图 3-105 所示。

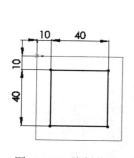

图 3-102　绘制草图

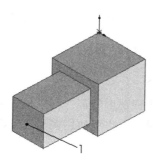

图 3-103　等轴测视图

图 3-104　"拔模"属性管理器

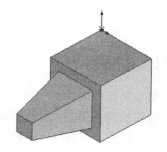

图 3-105　拔模的图形

3. 阶梯拔模

阶梯拔模为分型线拔模的变体。阶梯拔模绕作为拔模方向的基准面旋转而生成一个面，这

将产生小面，代表阶梯。

【例 3-15】通过实例介绍阶梯拔模的操作步骤。

1）重复分型线拔模的步骤，绘制如图 3-103 所示的图形。

2）执行拔模命令。在菜单栏中选择"插入"→"特征"→"拔模"命令，或者单击"特征"选项卡中的"拔模"按钮🗍，系统弹出如图 3-106 所示的"拔模"属性管理器。

3）设置属性管理器。在"拔模类型"栏中选择"阶梯拔模"选项，在"拔模角度"栏中输入 10 度，在"拔模方向"栏中，选择图 3-103 中的面 1，在"分型线"栏中选择图 3-103 中两实体相交的 4 条边线。

4）确认拔模特征。单击"拔模"属性管理器中的"确定"按钮✔，结果如图 3-107 所示。

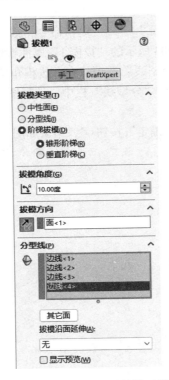

图 3-106 "拔模"属性管理器

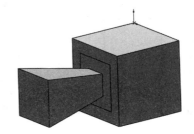

图 3-107 拔模的图形

3.11 抽壳特征

抽壳特征用来掏空零件，使所选择的面敞开，在剩余的面上生成薄壁特征。如果执行抽壳命令时没有选择模型上的任何面，可以生成一闭合、掏空的实体模型，也可使用多个厚度来抽壳模型。抽壳主要有以下 3 种类型：

➢ 去除模型面抽壳。

➢ 空心闭合抽壳。

➢ 多厚度抽壳。

下面分别介绍不同抽壳类型的操作步骤。

注意：

如果要对模型面进行圆角，应在生成抽壳之前进行圆角处理。

1. 去除模型面抽壳

去除模型面抽壳是指执行抽壳命令时将所选择的模型面去除并生成薄壁特征。

【例 3-16】通过实例介绍该抽壳类型的操作步骤。

1）新建零件图，设置基准面。在 FeatureManager 设计树中选择"前视基准面"作为绘制图形的基准面。

2）绘制草图。在菜单栏中选择"工具"→"草图绘制实体"→"边角矩形"命令，或者单击"草图"选项卡中的"边角矩形"按钮 □，以原点为一角点绘制一个矩形并标注尺寸，如图 3-108 所示。

3）拉伸实体。在菜单栏中选择"插入"→"凸台 / 基体"→"拉伸"命令，或者单击"特征"选项卡中的"拉伸凸台 / 基体"按钮 ，将步骤 2）绘制的草图拉伸为"深度"为 60mm 的实体，结果如图 3-109 所示。

4）执行抽壳命令。在菜单栏中选择"插入"→"特征"→"抽壳"命令，或者单击"特征"选项卡中的"抽壳"按钮 ，系统弹出如图 3-110 所示的"抽壳"属性管理器。

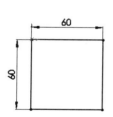

图 3-108　绘制草图

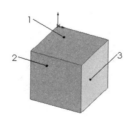

图 3-109　拉伸的图形

图 3-110　"抽壳"属性管理器

5）设置属性管理器。在"厚度"栏中输入 10mm，在"移除的面" 栏中选择图 3-109 中的面 1。

6）确认抽壳特征。单击"抽壳"属性管理器中的"确定"按钮 ，结果如图 3-111 所示。

2. 空心闭合抽壳

空心闭合抽壳是指执行抽壳命令时不去除模型面而生成一个空心的薄壁实体。

【例 3-17】通过实例介绍该抽壳类型的操作步骤。

1）重复"去除模型面抽壳"的步骤 1）~ 3），绘制如图 3-109 所示的图形。

2）执行抽壳命令。在菜单栏中选择"插入"→"特征"→"抽壳"命令，或者单击"特征"选项卡中的"抽壳"按钮 ，此时系统弹出如图 3-112 所示的"抽壳 1"属性管理器。

3）设置属性管理器。在"厚度"栏中输入 10mm，不选择任何移除面，然后单击"抽壳"属性管理器中的"确定"按钮✔，结果如图 3-113 所示。

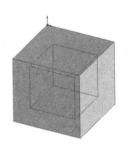

图 3-111　抽壳的图形　　　　图 3-112　"抽壳 1"属性管理器　　　　图 3-113　抽壳的图形

4）执行剖面视图命令。在菜单栏中选择"视图"→"显示"→"剖面视图"命令，此时系统弹出如图 3-114 所示的"剖面视图"属性管理器。

5）设置属性管理器。按照如图 3-114 所示的"剖面视图"属性管理器进行设置。

6）确认剖面视图。单击"剖面视图"属性管理器中的"确定"按钮✔，确认剖面视图结果如图 3-115 所示。

图 3-114　"剖面视图"属性管理器　　　　图 3-115　剖面视图

3. 多厚度抽壳

多厚度抽壳是指执行抽壳命令时生成不同面具有不同厚度的薄壁实体。

【**例 3-18**】通过实例介绍该抽壳类型的操作步骤。

1）重复"去除模型面抽壳"的步骤 1）~ 3），绘制如图 3-109 所示的图形。

2）执行抽壳命令。在菜单栏中选择"插入"→"特征"→"抽壳"命令，或者单击"特征"选项卡中的"抽壳"按钮，系统弹出如图 3-116 所示的"抽壳 1"属性管理器。

3）设置属性管理器。在"参数"选项组中的"厚度"栏中输入 10mm，在"移除的面"栏中选择图 3-109 中的面 1。在"多厚度设定"选项组中的"多厚度面"栏中选择图 3-109 中的面 2，然后在"多厚度"栏中输入 20mm；重复多厚度设定，选择图 3-109 中的面 3，在"多厚度"栏中输入 30mm。

4）确认抽壳特征。单击"抽壳"属性管理器中的"确定"按钮，结果如图 3-117 所示。

图 3-116 "抽壳 1"属性管理器

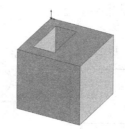

图 3-117 抽壳的图形

3.12 综合实例

本节将详细介绍键、传动轴及带轮的绘制方法，并在实例的绘制中讲解所用到的特征的操作方法。

3.12.1 键设计

本例绘制的键如图 3-118 所示。

首先绘制草图，然后裁剪草图，最后拉伸实体，完成键的绘制。绘制的流程如图 3-119 所示。

图 3-118 键零件图

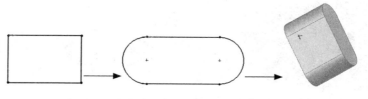

图 3-119 绘制键的流程

1）启动软件。在菜单栏中选择"开始"→"所有应用"→"SOLIDWORKS 2024"→"SOLIDWORKS 2024"命令，或者单击桌面按钮■，启动 SOLIDWORKS 2024。

2）创建零件文件。单击快速访问工具栏中的"新建"按钮□，系统弹出"新建 SOLID-WORKS 文件"对话框，在其中选择"零件"图标，然后单击"确定"按钮，创建一个新的零件文件。

3）保存文件。单击快速访问工具栏中的"保存"按钮■，系统弹出"另存为"对话框，在"文件名"栏中输入"键"，然后单击"保存"按钮，创建一个文件名为"键"的零件文件。

4）新建草图。在设计树中选择"前视基准面"，单击"草图"选项卡中的"草图绘制"按钮□，新建一张草图。

5）绘制草图。在菜单栏中选择"工具"→"草图绘制实体"→"边角矩形"命令，以原点为一角点绘制一个矩形并标注尺寸，如图 3-120 所示。

6）绘制草图。在菜单栏中选择"工具"→"草图绘制实体"→"3 点圆弧"命令，以矩形左边直线的端点为起点和终点绘制半径为 6mm 的圆弧，然后矩形右边直线的端点为起点和终点绘制半径为 6mm 的圆弧，结果如图 3-121 所示。

7）剪裁草图。单击"草图"选项卡中的"剪裁实体"按钮■，剪裁图 3-121 中的直线 1 和直线 2，结果如图 3-122 所示。

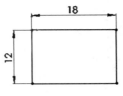
图 3-120　绘制草图

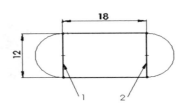
图 3-121　绘制草图

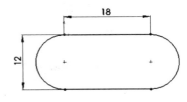
图 3-122　剪裁草图

8）拉伸实体。在菜单栏中选择"插入"→"凸台 / 基体"→"拉伸"命令，将步骤 7）剪裁的草图拉伸为"深度"为 15mm 的实体，结果如图 3-123 所示。

9）设置视图方向。单击"视图（前导）"工具栏"定向视图"下拉列表中的"等轴测"图标，将视图以等轴测方向显示，结果如图 3-124 所示。至此，键绘制完毕，此时的 Feature-Manager 设计树如图 3-125 所示。

图 3-123　拉伸实体

图 3-124　等轴测试图

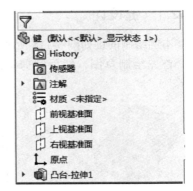
图 3-125　键的 FeatureManager 设计树

3.12.2 传动轴设计

本例绘制的传动轴如图 3-126 所示。

首先绘制中间轴，再绘制端轴和键槽，最后切除拉伸实体。绘制的流程如图 3-127 所示。

1）启动软件。在菜单栏中选择"开始"→"所有应用"→"SOLIDWORKS 2024"→"SOLIDWORKS 2024"命令，或者单击桌面按钮 🔳，启动 SOLIDWORKS 2024。

图 3-126　传动轴零件图

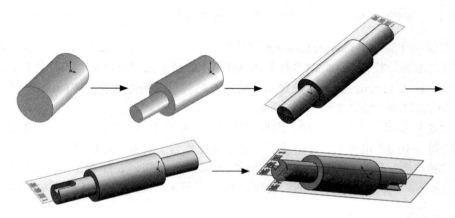

图 3-127　绘制传动轴的流程

2）创建零件文件。单击快速访问工具栏中的"新建"按钮 🗋，此时系统弹出"新建 SOLIDWORKS 文件"对话框，在其中选择"零件"图标 🦪，然后单击"确定"按钮，创建一个新的零件文件。

3）保存文件。单击快速访问工具栏中的"保存"按钮 🔚，此时系统弹出"另存为"对话框。在"文件名"栏中输入传动轴，然后单击"保存"按钮，创建一个文件名为"传动轴"的零件文件。

4）设置基准面。在 FeatureManager 设计树中选择"前视基准面"作为绘制图形的基准面。

5）绘制草图。单击"草图"选项卡中的"圆"按钮 ⊙，以原点为圆心绘制一个直径为 50mm 的圆。

6）拉伸实体。单击"特征"选项卡中的"拉伸凸台 / 基体"按钮 🝡，将步骤 5）绘制的草图拉伸为"深度"为 110mm 的实体，结果如图 3-128 所示。

7）设置基准面。选择图 3-128 中的面 1，然后单击"视图（前导）"工具栏"定向视图"下拉列表中的"正视于"按钮 ⬆，将该面作为绘制图形的基准面。

8）绘制草图。单击"草图"选项卡中的"圆"按钮 ⊙，以原点为圆心绘制一个直径为 30mm 的圆。

9）拉伸实体。单击"特征"选项卡中的"拉伸凸台 / 基体"按钮 🝡，将步骤 7）绘制的草图拉伸为"深度"为 60mm 的实体。

10）设置视图方向。单击"视图（前导）"工具栏"定向视图"下拉列表中的"等轴测"按钮 🔷，将视图以等轴测方向显示，结果如图 3-129 所示。

11）绘制另一端轴。重复步骤 7）~ 10），绘制另一端轴，轴的大小与图 3-129 中的端轴相同，结果如图 3-130 所示。

图 3-128　拉伸的图形

图 3-129　等轴测视图

图 3-130　拉伸的图形

12）添加基准面。在 FeatureManager 设计树中选择"上视基准面"，然后单击"特征"选项卡中的"基准面"按钮，此时系统弹出如图 3-131 所示的"基准面"属性管理器。在"偏移距离"栏中输入 15mm，并调整设置基准面的方向。单击属性管理器中的"确定"按钮，添加一个新的基准面，结果如图 3-132 所示。

13）设置基准面。单击步骤 12）添加的基准面，然后单击"视图（前导）"工具栏"定向视图"下拉列表中的"正视于"按钮，将该基准面作为绘制图形的基准面。

14）绘制草图。单击"草图"选项卡中的"中心线"按钮，绘制一条通过原点的竖直中心线，然后单击"草图"选项卡中的"边角矩形"按钮，绘制如图 3-133 所示的草图。

图 3-131　"基准面"属性管理器

图 3-132　添加的新基准面

图 3-133　绘制草图

15）添加几何关系。单击"草图"选项卡中的"添加几何关系"按钮，系统弹出如图 3-134 所示的"添加几何关系"属性管理器。在"所选实体"栏中依次选择图 3-133 中的直线 1、直线 3 与竖直中心线。单击"添加几何关系"栏中的"对称"按钮，"对称"几何关系出现在"现有几何关系"栏中。单击属性管理器中的"确定"按钮，将直线 1 和直线 3 添加为关于竖直中心线"对称"的几何关系。

16）标注尺寸。单击"草图"选项卡中的"智能尺寸"按钮◆，标注步骤 15）添加几何关系后的草图尺寸，结果如图 3-135 所示。

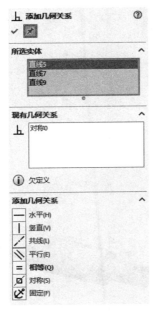

图 3-134　"添加几何关系"属性管理器

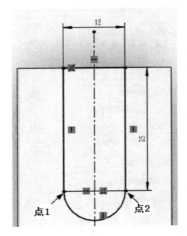

图 3-135　添加几何关系的草图

17）绘制草图。单击"草图"选项卡中的"3 点圆弧"按钮⌒，以图 3-135 中的点 1 和点 2 分别为起点和终点绘制一个半径为 6mm 的圆弧，结果如图 3-136 所示。

18）剪裁草图。单击"草图"选项卡中的"剪裁实体"按钮➤，剪裁图 3-136 中的直线 1，结果如图 3-137 所示。退出草图状态。

图 3-136　绘制草图

图 3-137　剪裁草图

19）切除拉伸实体。单击"特征"选项卡中的"拉伸切除"按钮◉，系统弹出如图 3-138 所示的"切除 - 拉伸"属性管理器。按照图示进行设置，注意调整切除拉伸的方向，单击属性管理器中的"确定"按钮✔。

20）设置视图方向。单击"视图（前导）"工具栏"定向视图"下拉列表中的"等轴测"按钮◈，将视图以等轴测方向显示，结果如图 3-139 所示。

21）绘制另一端的键槽。重复步骤 12）~ 19），绘制另一端的键槽，键槽的大小与图 3-139 的键槽相同，结果如图 3-140 所示。至此，传动轴绘制完毕，此时传动轴的 FeatureManager 设计树如图 3-141 所示。

图 3-138 "切除 - 拉伸"属性管理器

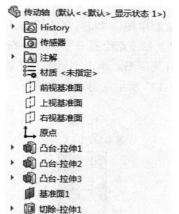

图 3-139 等轴测视图

图 3-140 绘制的传动轴

图 3-141 传动轴的 FeatureManager 设计树

3.12.3 带轮设计

本例绘制的带轮如图 3-142 所示。

首先绘制草图，然后旋转实体，再绘制键槽，完成带轮的绘制。绘制带轮的流程如图 3-143 所示。

1）启动软件。在菜单栏中选择"开始"→"所有应

图 3-142 带轮零件图

用"→"SOLIDWORKS 2024"→"SOLIDWORKS 2024"命令，或者单击桌面按钮，启动
SOLIDWORKS 2024。

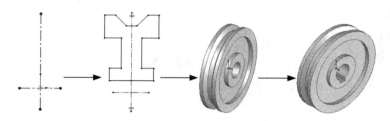

图 3-143　绘制带轮的流程

2）创建零件文件。单击快速访问工具栏中的"新建"按钮，此时系统弹出"新建
SOLIDWORKS 文件"对话框，在其中选择"零件"图标，然后单击"确定"按钮，创建一
个新的零件文件。

3）保存文件。单击快速访问工具栏中的"保存"按钮，此时系统弹出"另存为"对话
框，在"文件名"栏中输入"带轮"，然后单击"保存"按钮，创建一个文件名为"带轮"的零
件文件。

4）设置基准面。在 FeatureManager 设计树中选择"前视基准面"作为绘制图形的基准面。

5）绘制中心线。单击"草图"选项卡中的"中心线"按钮，绘制通过原点的水平和竖
直中心线，如图 3-144 所示。

6）设置动态绘制草图。在菜单栏中选择"工具"→"草图工具"→"动态镜像"命令，
选择图 3-144 中的竖直中心线，此时草图如图 3-145 所示，进入动态镜像草图绘制状态。

7）绘制草图。单击"草图"选项卡中的"直线"按钮，绘制如图 3-146 所示的草图。

图 3-144　绘制中心线　　　　图 3-145　动态镜像草图　　　　图 3-146　绘制草图

8）标注尺寸。单击"草图"选项卡中的"智能尺寸"按钮，标注步骤 7）添加几何关系
后的草图尺寸，结果如图 3-147 所示。

9）旋转图形。单击"特征"选项卡中的"旋转凸台 / 基体"按钮，此时系统弹出如
图 3-148 所示的"旋转"属性管理器。在"旋转轴"栏中选择图 3-146 中的水平中心线。按照
图 3-148 所示进行设置后，单击属性管理器中的"确定"按钮，结果如图 3-149 所示。

10）设置基准面。在 FeatureManager 设计树中选择"上视基准面"作为绘制图形的基准面。

11）绘制中心线。单击"草图"选项卡中的"中心线"按钮，绘制通过原点的水平中
心线。

12）绘制矩形。单击"草图"选项卡中的"边角矩形"按钮，绘制如图 3-150 所示的矩
形，使矩形的左右两边与实体边线重合。

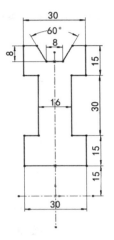

图 3-147　标注草图　　　图 3-148　"旋转"属性管理器　　　图 3-149　旋转图形

13）添加几何关系。单击"草图"选项卡"显示／删除几何关系"下拉列表中的"添加几何关系"按钮，此时系统弹出如图 3-151 所示的"添加几何关系"属性管理器，在"所选实体"栏中依次选择图 3-152 中矩形的上、下两边与水平中心线。单击"添加几何关系"栏中的"对称"按钮，"对称"几何关系出现在"现有几何关系"栏中。单击属性管理器中的"确定"按钮，将矩形的上下两边添加为关于水平中心线"对称"的几何关系。

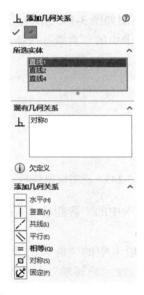

图 3-150　绘制矩形　　　图 3-151　"添加几何关系"属性管理器　　　图 3-152　绘制草图

14）标注尺寸。单击"草图"选项卡中的"智能尺寸"按钮，标注步骤 13）添加几何关系后的草图尺寸，结果如图 3-152 所示。

15）切除拉伸实体。单击"特征"选项卡中的"拉伸切除"按钮，系统弹出如图 3-153 所示的"切除 - 拉伸"属性管理器。按照图 3-153 所示进行设置，注意调整切除拉伸的方向，单击属性管理器中的"确定"按钮✔。

16）设置视图方向。单击"视图（前导）"工具栏"定向视图"下拉列表中的"等轴测"按钮❖，将视图以等轴测方向显示，结果如图 3-154 所示。至此，带轮绘制完毕，此时带轮的 FeatureManager 设计树如图 3-155 所示。

图 3-153　"切除 - 拉伸"属性管理器　　图 3-154　等轴测视图　　图 3-155　带轮 FeatureManager 设计树

3.13　上机操作

通过前面的学习，读者对本章知识已有了大致的了解。本节将通过如图 3-156 所示的支撑架的练习使读者进一步掌握本章的知识要点。

 操作提示：

1）产生支撑架本体。草图尺寸如图 3-157a 所示。拉伸长度为 26mm，方式为两侧对称，拉伸实体后如图 3-157b 所示。

图 3-156　支撑架

2）切削沟槽。沟槽草图尺寸如图 3-157c 所示。切除拉伸模式为完全贯穿，实体形状如图 3-157d 所示。

3）产生圆弧体。圆弧体草图尺寸如图 3-157e 所示。圆弧体用旋转凸台产生，如图 3-157f 所示。

4）切削圆弧体。切削圆弧体草图尺寸如图 3-157g 所示。拉伸切除特征，切除方向 1 与方向 2 为完全贯穿，特征如图 3-157h 所示。

5）圆弧切削。圆弧切削草图如图 3-157i 所示。产生旋转切除特征如图 3-157j 所示。

6）切削支撑架本体。草图尺寸如图 3-157k。拉伸切除，设定方向 1 和方向 2 为完全贯穿，特征如图 3-1571 所示。

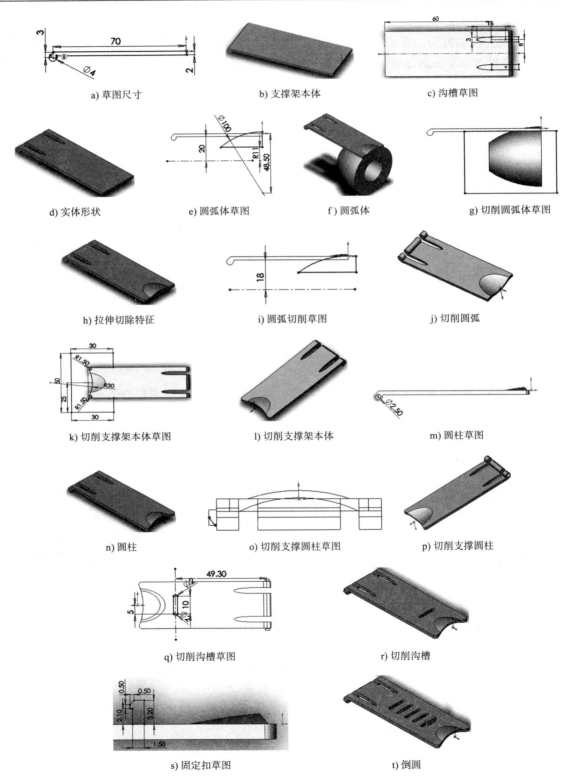

a) 草图尺寸　　　　　　　b) 支撑架本体　　　　　　　c) 沟槽草图

d) 实体形状　　　　e) 圆弧体草图　　　　f) 圆弧体　　　　g) 切削圆弧体草图

h) 拉伸切除特征　　　　　i) 圆弧切削草图　　　　　j) 切削圆弧

k) 切削支撑架本体草图　　　l) 切削支撑架本体　　　　m) 圆柱草图

n) 圆柱　　　　　　o) 切削支撑圆柱草图　　　　p) 切削支撑圆柱

q) 切削沟槽草图　　　　　　　r) 切削沟槽

s) 固定扣草图　　　　　　　　t) 倒圆

图 3-157　支撑架绘制步骤

7）产生支撑圆柱。草图尺寸如图 3-157m 所示。拉伸凸台特征的高度为 1.2mm, 形状如图 3-157n。

8）切削支撑圆柱。在右视平面绘制草图，如图 3-157o 所示。拉伸切除模式为完全贯穿，产生特征如图 3-157p 所示。

9）镜像特征。按住 Ctrl 键，连续选取凸台、切除特征与前视基准面，进行镜像。

10）切削沟槽。绘制草图如图 3-157q 所示。拉伸切除特征如图 3-157r 所示。

11）线性阵列。将沟槽特征进行线性阵列，设置方向 1 距离 6mm、总数量为 5 个。

12）产生固定扣。在前视图中绘制草图，如图 3-157s 所示。拉伸凸台特征模式为两侧对称，总长度为 6mm。

13）倒圆。将边线倒圆，如图 3-157t 所示为支撑架形状。

第4章　附加特征建模

导读

　　SOLIDWORKS 中有一类特征是建立在已经生成的其他特征的基础上，这种特征的生成必须依靠其他特征，这里称之为复杂特征。

　　本章主要介绍了零件造型和特征的相关技术。首先介绍了造型的基础——定位特征，没有定位就不能实现零件的造型，读者通过学习和实践会熟练掌握定位的选择。然后介绍了建立三维图形不可缺少的草图特征的一些基础。这也是本章的重点部分，里面不仅详细介绍了拉伸、倒角等一些基本特征的创建，还具体介绍了线性阵列、圆周阵列、镜像等复杂特征的创建。最后，介绍了零件的其他设计的表达。

学 习 要 点

◎ 复杂特征

◎ 圆顶特征和自由形特征

◎ 钻孔特征

◎ 比例缩放

4.1 复杂特征

特征阵列用于将任意特征作为原始样本特征，通过指定阵列尺寸产生多个类似的子样本特征。特征阵列完成后，原始样本特征和子样本特征成为一个整体，可将它们作为一个特征进行相关的操作，如删除和修改等。

4.1.1 线性阵列

线性阵列是指沿一条或两条直线路径生成多个子样本特征。图 4-1 所示为线性阵列的零件模型。

1）在菜单栏中选择"插入"→"阵列 / 镜像"→"线性阵列"命令，或单击"特征"选项卡中的"线性阵列"按钮 。

2）从"线性阵列"属性管理器（见图 4-2）中得出线性阵列的可控参数如下：

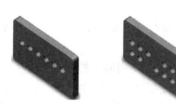

图 4-1　线性阵列零件模型　　　　图 4-2　"线性阵列"属性管理器

> 设置阵列的"方向 1"：可以选择线性边线、直线、轴或尺寸。如果有必要，可单击"反向"按钮 来改变阵列的方向。

> 间距与实例数：单独设置实例数和间距。这里的间距是指实例之间的间距。实例数数量包括原始特征或选择。

➢ 设置阵列的"方向 2"：在第 2 个方向上设置阵列可控参数。同阵列方向 1。
➢ 要阵列的特征：使用所选择的特征来作为源特征以生成阵列。
➢ 要阵列的面：使用构成源特征的面生成阵列。在图形区域中选择源特征的所有面。这对于只输入构成特征的面而不是特征本身的模型很有用。当使用要阵列的面时，阵列必须保持在同一面或边界内，它不能够跨越边界。
➢ 实体：在零件图中有多个实体特征，可利用阵列实体来生成多个实体。
➢ 可跳过的实例：在生成阵列时，跳过在图形区域中选择的阵列实例。当将光标移动到每个阵列的实例上时，光标变为 🖑 形状并且坐标也出现在图形区域中。单击，以选择要跳过的阵列实例。若想恢复阵列实例，可再次单击图形区域中的实例标号。

选项：
➢ 随形变化：让阵列实例重复时改变其尺寸，如图 4-3 所示。
➢ 几何体阵列：只使用特征的几何体（面和边线）来生成阵列，而不阵列和求解特征的每个实例。几何体阵列选项可以加速阵列的生成及重建。注意：对于与模型上其他面共用一个面的特征，不能使用几何体阵列选项。
➢ 延伸视觉属性：若想镜像所镜像实体的视觉属性（SOLIDWORKS 的颜色、纹理和装饰螺纹数据），选择延伸视觉属性。

图 4-3　没选择随形变化（左图）与选择了随形变化（右图）

4.1.2　圆周阵列

圆周阵列是指绕一个轴心以圆周路径生成多个子样本特征。图 4-4 所示为圆周阵列的零件模型。

1）在菜单栏中选择"插入"→"阵列 / 镜像"→"圆周阵列"命令，或单击"特征"选项卡中的"圆周阵列"按钮 ✿。

2）从"阵列（圆周）"属性管理器（见图 4-5）中得出圆周阵列的可控参数如下：
➢ 选择圆周阵列的旋转轴：在生成圆周阵列之前，首先要生成一个中心轴。这个轴可以是基准轴或者临时轴（在模型区域中选择轴、模型边线或角度尺寸），阵列绕此轴生成。如果有必要，可单击"反向"按钮 ⟳ 来改变圆周阵列的方向。
➢ 阵列的角度及阵列的数目：在所选择方向上设置要阵列的角度及要阵列的个数。这里的角度是指每个阵列实体之间的角度。阵列的数量包括原始要阵列的特征，即阵列的总数。选中"等间距"则设定总角度为 360°。

其余参数与"线性阵列"相同。

图 4-4 圆周阵列零件模型

图 4-5 "阵列（圆周）"属性管理器

4.1.3 镜像

如果零件结构是对称的，用户可以只创建一半零件模型，然后使用特征镜像的办法生成整个零件。如果修改了原始特征，则镜像的复制也将更新以反映其变更。图 4-6 所示为运用特征镜像生成的零件模型。

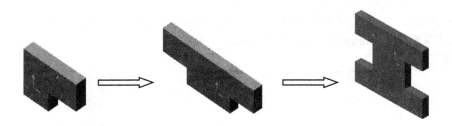

图 4-6 特征镜像生成的零件模型

1）在菜单栏中选择"插入"→"阵列 / 镜像"→"镜像"命令，或单击"特征"选项卡中的"镜像"按钮 ⇇。

2）从"镜像"属性管理器（见图 4-7）中得出镜像的可控参数如下：

➢ 镜像面 / 基准面：如果要生成镜像特征、实体或镜像面，则需选择镜像面或基准面来进行镜像操作。

➢ 次要镜像面 / 平面：仅在零件中可用，可以在一个特征中一次绕两个基准面镜像一个项目。

➢ 要镜像的特征：使用所选择的特征来作为源特征以生成镜像的特征。如果选择模型上的平面，将绕所选面镜像整个模型。

➢ 要镜像的面：使用构成源特征的面生成镜像。

➢ 要镜像的实体：在单一模型或多实体零件中选择一实体来生成一镜像实体。

选项：

➢ 合并实体：如果选择合并实体，则原有零件和镜像的零件成为单一实体。当在实体零件上选择一个面并消除合并实体复选框时，可生成附加到原有实体但为单独实体的镜像实体。

➢ 缝合曲面：如果选择的曲面之间无交叉或缝隙来镜像曲面，可选择缝合曲面将两个曲面缝合在一起。

图 4-7　"镜像"属性管理器

➢ 延伸视觉属性：将 SOLIDWORKS 的颜色、纹理和装饰螺纹数据延伸给所有镜像实例的特征。

4.2　圆顶特征

圆顶特征是对模型的一个面进行变形操作，生成圆顶形凸起特征。

【例 4-1】通过实例介绍圆顶特征的操作步骤。

1）新建零件图，设置基准面。在 FeatureManager 设计树中选择"前视基准面"作为绘制图形的基准面。

2）绘制草图。单击"草图"选项卡中的"多边形"按钮⬡，以原点为圆心绘制一个多边形并标注尺寸，结果如图 4-8 所示。

3）拉伸实体。单击"特征"选项卡中的"拉伸凸台 / 基体"按钮🗐，将步骤 2）绘制的草图拉伸为"深度"为 60mm 的实体，结果如图 4-9 所示。

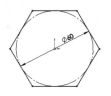

图 4-8　绘制草图

图 4-9　拉伸图形

4）执行圆顶命令。在菜单栏中选择"插入"→"特征"→"圆顶"命令，或者单击"特征"选项卡中的"圆顶"按钮🔴，此时系统弹出如图 4-10 所示的"圆顶"属性管理器。

5）设置属性管理器。在"到圆顶的面"栏中选择图 4-9 中的面 1，在"距离"栏中输入50mm，选中"连续圆顶"复选框。

6）确认圆顶特征。单击属性管理器中的"确定"按钮 ✔，并调整视图的方向，结果如图 4-11 所示。

图 4-12 所示为未选中"连续圆顶"复选框生成的圆顶图形。

图 4-10 "圆顶"属性管理器

图 4-11 连续圆顶的图形

图 4-12 不连续圆顶的图形

 注意：

在圆柱和圆锥模型上可以将"距离"设定为 0，此时系统会使用圆弧半径作为圆顶的基础来计算距离。

4.3 自由形特征

自由形特征与圆顶特征类似，也是针对模型表面进行的变形操作，但是具有更多的控制选项。自由形特征通过展开、约束或拉紧所选曲面在模型上生成一个变形曲面。变形曲面灵活可变，很像一层膜。

【例 4-2】通过实例介绍特型特征的操作步骤。

1）新建零件图，设置基准面。在 FeatureManager 设计树中选择"前视基准面"作为绘制图形的基准面。

2）绘制草图。单击"草图"选项卡中的"边角矩形"按钮 ▢，以原点为一角点绘制一个矩形并标注尺寸，如图 4-13 所示。

3）拉伸实体。单击"特征"选项卡中的"拉伸凸台 / 基体"按钮 ▣，将步骤 2）绘制的草图拉伸为"深度"为 40mm 的实体，结果如图 4-14 所示。

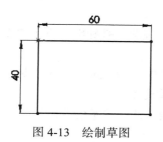

图 4-13 绘制草图

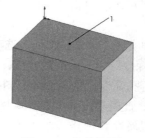

图 4-14 拉伸图形

4）执行特型特征。在菜单栏中选择"插入"→"特征"→"自由形"命令，此时系统弹出如图 4-15 所示的"自由形"属性管理器。

5）设置属性管理器。在"面设置"栏中，选择图 4-14 中的面 1 进行设置。

6）确认自由形特征。单击属性管理器中的"确定"按钮 ✔，结果如图 4-16 所示。

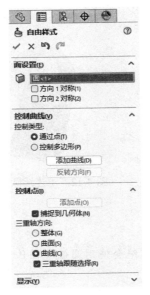

图 4-15 "自由形"属性管理器

图 4-16 自由形特征图形

4.4 钻孔特征

钻孔特征是指在已有的零件上生成各种类型的孔特征。SOLIDWORKS 提供了简单直孔和异型孔向导两种生成孔特征的方法。

1. 简单直孔

简单直孔是指在确定的平面上设置孔的直径和深度。孔深度的"终止条件"类型与拉伸切除的"终止条件"类型基本相同。

【例 4-3】通过实例介绍简单直孔的操作步骤。

1）新建零件图，设置基准面。在 FeatureManager 设计树中选择"前视基准面"作为绘制图形的基准面。

2）绘制草图。单击"草图"选项卡中的"圆"按钮 ⊙，以原点为圆心绘制一个直径为 60mm 的圆。

3）拉伸实体。单击"特征"选项卡中的"拉伸凸台/基体"按钮 ⓐ，将步骤 2）绘制的草图拉伸为"深度"为 60mm 的实体，结果如图 4-17 所示。

4）执行孔命令。选择图 4-17 中的表面 1，在菜单栏中选择"插入"→"特征"→"简单直孔"命令，此时系统弹出如图 4-18 所示的"孔"属性管理器。

5）设置属性管理器。在"终止条件"栏的下拉列表中选择"完全贯穿"选项，在"孔直径"栏中输入 30mm。

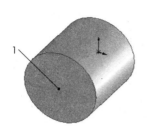

图 4-17　拉伸的图形

图 4-18　"孔"属性管理器

6）确认孔特征。单击"孔"属性管理器中的"确定"按钮 ✔，结果如图 4-19 所示。

7）精确定位孔位置。右击 FeatureManager 设计树中步骤 6）添加的孔特征选项，此时系统弹出如图 4-20 所示的快捷菜单，在其中单击"编辑草图"选项 ，视图如图 4-21 所示。

图 4-19　钻孔的图形

图 4-20　快捷菜单

8）添加几何关系。按住 Ctrl 键，单击图 4-21 中的圆线 1 和边线 2，此时系统弹出如图 4-21 所示的"属性"属性管理器。

9）单击"添加几何关系"栏中的"同心"按钮 ，此时"同心"几何关系出现在"现有几何关系"栏中，为圆弧 1 和边线弧 2 添加"同心"几何关系。

10）确认孔位置。单击"草图"选项卡中的"退出草图"按钮 ，结果如图 4-22 所示。

 注意：

在确定简单孔的位置时可以通过标注尺寸的方式来确定，对于特殊的图形可以通过添加几何关系来确定。

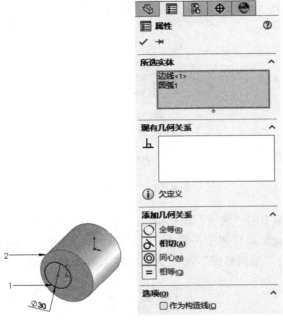

图 4-21　编辑草图和"属性"属性管理器

图 4-22　编辑的图形

2. 异型孔向导

异型孔向导用于生成具有复杂轮廓的孔，主要包括柱形沉头孔、锥形沉头孔、孔、直螺纹孔、锥形螺纹孔、旧制孔、柱形槽口、锥孔槽口和槽口 9 种类型的孔。异型孔的类型和位置都是在"孔规格"属性管理器中完成设置的。

【例 4-4】通过实例介绍异型孔向导的操作步骤。

1）新建零件图，设置基准面。在 FeatureManager 设计树中选择"前视基准面"作为绘制图形的基准面。

2）绘制草图。单击"草图"选项卡中的"边角矩形"按钮 ▭，以原点为一角点绘制一个矩形并标注尺寸，结果如图 4-23 所示。

3）拉伸实体。单击"特征"选项卡中的"拉伸凸台 / 基体"按钮 ，将步骤 2）绘制的草图拉伸为"深度"为 60mm 的实体，结果如图 4-24 所示。

4）执行孔命令。选择图 4-24 中的表面 1，在菜单栏中选择"插入"→"特征"→"孔"→"异型孔向导"命令，或者单击"特征"选项卡中的"异型孔向导"按钮 ，此时系统弹出如图 4-25 所示的"孔规格"属性管理器。

5）设置属性管理器。孔类型按照图 4-25 所示进行设置，然后单击"孔规格"属性管理器中的"位置"选项卡，此时光标处于"绘制点"状态，在图 4-24 的表面 1 上添加 4 个点。

6）标注孔尺寸。单击"草图"选项卡中的"智能尺寸"按钮 ，标注添加的 4 个点的定位尺寸，结果如图 4-26 所示。

7）确认孔特征。单击"孔规格"属性管理器中的"确定"按钮 ✔，结果如图 4-27 所示。

8）设置视图方向。按住鼠标中键拖动，旋转视图，将视图以合适的方向显示，结果如图 4-28 所示。

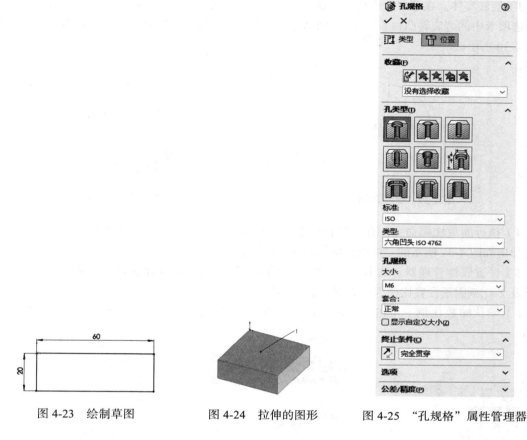

图 4-23　绘制草图　　　　图 4-24　拉伸的图形　　　　图 4-25　"孔规格"属性管理器

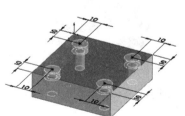

图 4-26　标注孔尺寸　　　　图 4-27　添加孔的图形　　　　图 4-28　旋转视图的图形

4.5　比例缩放

　　比例缩放是指相对于零件或者曲面模型的重心或模型原点来进行缩放。比例缩放多实体零件，可以缩放其中一个或多个模型的比例。比例缩放分为统一比例缩放和非等比例缩放。

　　【例 4-5】通过实例介绍非等比例缩放的操作步骤。

　　1）新建零件图，设置基准面。在 FeatureManager 设计树中选择"前视基准面"作为绘制图形的基准面。

　　2）绘制草图。利用草图绘制工具，绘制如图 4-29 所示的草图并标注尺寸。

3）旋转实体。在菜单栏中选择"插入"→"凸台/基体"→"旋转"命令，或者单击"特征"选项卡中的"旋转凸台/基体"按钮🔌，将步骤 2）绘制的草图旋转为一个球形实体，结果如图 4-30 所示。

图 4-29　绘制草图　　　　　　　　　　　　图 4-30　旋转为球体

4）执行缩放比例命令。在菜单栏中选择"插入"→"特征"→"缩放比例"命令，此时系统弹出如图 4-31 所示的"缩放比例"属性管理器。

5）设置属性管理器。取消勾选"统一比例缩放"复选框，并分别为 X 比例因子、Y 比例因子及 Z 比例因子设置比例因子数值，如图 4-32 所示。

6）确认缩放比例。单击"缩放比例"属性管理器中的"确定"按钮✔，结果如图 4-33 所示。

图 4-31　"缩放比例"属性管理器　　图 4-32　设置比例因子　　图 4-33　缩放比例后的图形

4.6　综合实例

对零件的特征进行有效地编辑、利用，可以事半功倍地完成零件的建模。通过 SOLID-WORKS 2024 提供的阵列、镜像以及库特征，可以方便快捷地生成很多看似复杂的模型。

4.6.1　转向器的绘制

本节绘制的转向器如图 4-34 所示。

首先绘制转向器草图并扫描实体，然后绘制轴部，再绘制辐条并镜像实体，最后对转向器相应部分进行圆角处理。绘制转向器的流程如图 4-35 所示。

图 4-34　转向器

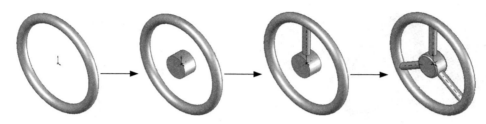

图 4-35　绘制转向器的流程

1）启动 SOLIDWORKS 2024，在菜单栏中选择"文件"→"新建"命令，创建一个新的零件文件。

2）绘制草图。在 FeatureManager 设计树中选择"前视基准面"作为绘制图形的基准面。在菜单栏中选择"工具"→"草图绘制实体"→"圆"命令，或者单击"草图"选项卡中的"圆"按钮⊙，以原点为圆心绘制一个圆。

3）标注尺寸。在菜单栏中选择"工具"→"标注尺寸"→"智能尺寸"命令，或者单击"草图"选项卡中的的"智能尺寸"按钮，标注上一步绘制的圆的直径，结果如图 4-36 所示，然后退出草图绘制状态。

4）设置基准面。单击 FeatureManager 设计树中的"上视基准面"，然后单击"视图（前导）"工具栏"视图定向"下拉列表中的"正视于"按钮，将该基准面作为绘制图形的基准面。

5）绘制草图。单击"草图"选项卡中的"圆"按钮⊙，以左侧端点为圆心绘制一个圆。

6）标注尺寸。单击"草图"选项卡中的"智能尺寸"按钮，标注绘制圆的直径，结果如图 4-37 所示，然后退出草图绘制状态。

图 4-36　标注尺寸

图 4-37　标注尺寸

7）扫描实体。在菜单栏中选择"插入"→"凸台/基体"→"扫描"命令，或者单击"特征"选项卡中的"扫描"按钮，此时系统弹出"扫描"属性管理器。在"轮廓"栏中，选择图 4-37 中绘制的圆，在"路径"栏中选择图 4-36 绘制的圆。单击属性管理器中的"确定"按钮。

8）设置视图方向。单击"视图（前导）"工具栏"视图定向"下拉列表中的"等轴测"按钮，将视图以等轴测方向显示，结果如图 4-38 所示。

9）绘制轴部，设置基准面。在 FeatureManager 设计树中，选择"前视基准面"，然后单击"视图（前导）"工具栏"视图定向"下拉列表中的"正视于"按钮，将该基准面作为绘制图形的基准面。

10）绘制草图。单击"草图"选项卡中的"圆"按钮⊙，以原点为圆心绘制一个圆。

11）标注尺寸。单击"草图"选项卡中的"智能尺寸"按钮，标注绘制圆的直径，结果如图 4-39 所示。

图 4-38　等轴测视图

图 4-39　标注尺寸

12）拉伸实体。在菜单栏中选择"插入"→"凸台／基体"→"拉伸"命令，或者单击"特征"选项卡中的"拉伸凸台／基体"按钮🎇，此时系统弹出"凸台‑拉伸"属性管理器。在方向 1 和方向 2 的"深度"栏中均输入 15mm，然后单击属性管理器中的"确定"按钮✔。

13）设置视图方向。单击"视图（前导）"工具栏"视图定向"下拉列表中的"等轴测"按钮🧊，将视图以等轴测方向显示，结果如图 4-40 所示。

14）绘制辐条。设置基准面。在 FeatureManager 设计树中选择"上视基准面"，然后单击"视图（前导）"工具栏"视图定向"下拉列表中的"正视于"按钮⬆，将该基准面作为绘制图形的基准面。

15）绘制草图。单击"草图"选项卡中的"圆"按钮⊙，以原点为圆心绘制一个圆。

16）标注尺寸。单击"草图"选项卡中的"智能尺寸"按钮⟋，标注绘制的圆的直径，结果如图 4-41 所示。

图 4-40　等轴测视图

图 4-41　标注尺寸

17）拉伸实体。单击"特征"选项卡中的"拉伸凸台／基体"按钮🎇，此时系统弹出"凸台‑拉伸"属性管理器。在"方向 1"栏的下拉列表中选择"成形到面"选项，然后单击扫描实体的内侧。单击属性管理器中的"确定"按钮✔。

18）设置视图方向。单击"视图（前导）"工具栏"视图定向"下拉列表中的"等轴测"按钮🧊，将视图以等轴测方向显示，结果如图 4-42 所示。

19）圆周阵列实体。在菜单栏中选择"插入"→"阵列／镜像"→"圆周阵列"命令，或者单击"特征"选项卡中的"圆周阵列"按钮🔁，此时系统弹出如图 4-43 所示的"圆周阵列"属性管理器。按照图 4-43 所示进行设置后，单击属性管理器中的"确定"按钮✔，结果如图 4-44 所示。

20）圆角实体。在菜单栏中选择"插入"→"特征"→"圆角"命令，或者单击"特征"选项卡中的"圆角"按钮🎇，此时系统弹出"圆角"属性管理器。在"半径"栏中输入 3，然后选择图 4-44 中的边线 1 和边线 2。单击属性管理器中的"确定"按钮✔。

21）设置视图方向。单击"视图（前导）"工具栏"视图定向"下拉列表中的"等轴测"按钮🧊，将视图以等轴测方向显示，结果如图 4-45 所示。

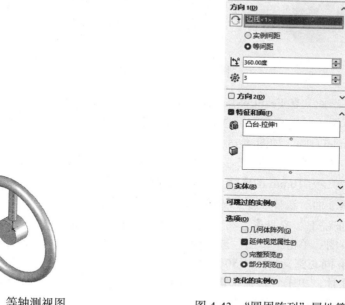

图 4-42　等轴测视图

图 4-43　"圆周阵列"属性管理器

图 4-44　圆周阵列后的图形

图 4-45　等轴测视图

4.6.2　法兰盘设计

本例绘制的法兰盘零件图如图 4-46 所示。

首先绘制盘盖，再绘制套筒和连接杆，最后倒角实体。绘制法兰盘的流程如图 4-47 所示。

1）启动软件。利用"开始"→"所有应用"→"SOLIDWORKS 2024"菜单命令，或者单击桌面按钮，启动 SOLIDWORKS 2024。

2）创建零件文件。单击快速访问工具栏中的"新建"按钮，此时系统弹出"新建 SOLIDWORKS 文件"对话框，在其中选择"零件"图标，然后单击"确定"按钮，创建一个新的零件文件。

图 4-46　法兰盘零件图

3）保存文件。单击快速访问工具栏中的"保存"按钮，此时系统弹出"另存为"属性管理器。在"文件名"栏中输入"法兰盘"，然后单击"保存"按钮，创建一个文件名为"法兰盘"的零件文件。

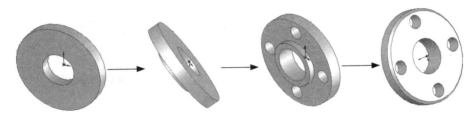

图 4-47　绘制法兰盘的流程图

4）设置基准面。在 FeatureManager 设计树中选择"前视基准面"作为绘制图形的基准面。

5）绘制草图。单击"草图"选项卡中的"圆"按钮⊙，以原点为圆心绘制两个直径分别为 80mm 和 30mm 同心圆，如图 4-48 所示。

6）拉伸实体。单击"特征"选项卡中的"拉伸凸台 / 基体"按钮，将步骤 5）绘制的草图拉伸为"深度"为 10mm 的实体，结果如图 4-49 所示。

7）设置基准面。选择图 4-49 中的面 1，然后单击"视图（前导）"工具栏"视图定向"下拉列表中的"正视于"按钮，将该面作为绘制图形的基准面。

8）绘制草图。单击"草图"选项卡中的"圆"按钮⊙，以原点为圆心绘制两个直径分别为 30mm 和 40mm 同心圆，如图 4-50 所示。

9）拉伸实体。单击"特征"选项卡中的"拉伸凸台 / 基体"按钮，将步骤 8）绘制的草图拉伸为"深度"为 5mm 的实体。

10）设置视图方向。按住鼠标中键拖动，旋转视图，将视图以合适的方向显示，结果如图 4-51 所示。

11）设置基准面。选择图 4-51 中的面 1，然后"视图（前导）"工具栏"视图定向"下拉列表中的"正视于"按钮，将该面作为绘制图形的基准面。

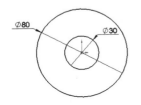
图 4-48　绘制草图

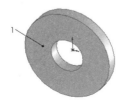
图 4-49　拉伸实体

图 4-50　绘制草图

图 4-51　拉伸图形

12）绘制草图。单击"草图"选项卡中的"圆"按钮⊙，在原点的正上方绘制一个直径为 12mm 的圆，结果如图 4-52 所示。

13）阵列圆周草图。在菜单栏中选择"工具"→"草图绘制工具"→"圆周阵列"命令，或者单击"草图"选项卡"线性草图阵列"下拉列表中的"圆周草图阵列"按钮，此时系统弹出如图 4-53 所示的"圆周阵列"属性管理器。在"要阵列的实体"栏中选择图 4-51 中的圆。按照图 4-53 所示进行设置后，单击属性管理器中的"确定"按钮，结果如图 4-54 所示。

14）切除拉伸实体。在菜单栏中选择"插入"→"切除"→"拉伸"命令，或者单击"草图"选项卡中的"拉伸切除"按钮，此时系统弹出"切除 - 拉伸"属性管理器。在"方向 1"栏的下拉列表中选择"完全贯穿"选项，注意调整切除拉伸的方向，单击属性管理器中的"确定"按钮。

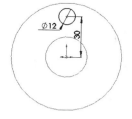

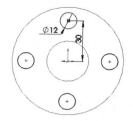

图 4-52　绘制草图　　　　图 4-53　"圆周阵列"属性管理器　　　图 4-54　圆周阵列的草图

15）设置视图方向。单击"视图（前导）"工具栏"视图定向"下拉列表中的"等轴测"按钮，将视图以等轴测方向显示，结果如图 4-55 所示。

16）创建倒角。在菜单栏中选择"插入"→"特征"→"倒角"命令，或者单击"特征"选项卡中的"倒角"按钮，此时系统弹出如图 4-56 所示的"倒角"属性管理器。在"距离"栏中输入 2mm，在"边和线或面"栏中选择图 4-55 中的边线 1 和边线 2。单击属性管理器中的"确定"按钮图标，结果如图 4-57 所示。

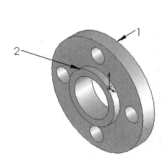
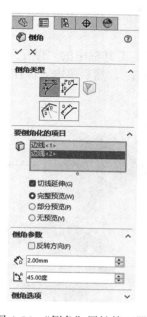

图 4-55　切除拉伸的图形　　　图 4-56　"倒角"属性管理器　　　图 4-57　倒角后的图形

17）设置视图方向。按住鼠标中键拖动，旋转视图，将视图以合适的方向显示。结果如图 4-58 所示。至此，法兰盘绘制完毕，此时法兰盘的 FeatureManager 设计树如图 4-59 所示。

图 4-58　绘制的法兰盘

图 4-59　法兰盘的 FeatureManager 设计树

4.6.3　基座设计

本例绘制的基座如图 4-60 所示。

首先绘制基座轮廓草图并拉伸实体，然后绘制基座的支架，再绘制轴套、肋板，最后绘制沉头孔和螺纹孔并圆角实体。绘制的基座流程如图 4-61 所示。

1）启动软件。在菜单栏中选择"开始"→"所有应用"→"SOLIDWORKS 2024"命令，或者单击桌面按钮 ，启动 SOLID-WORKS 2024。

图 4-60　基座

2）创建零件文件。单击快速访问工具栏中的"新建"按钮 📄，此时系统弹出如图 4-62 所示的"新建 SOLIDWORK 文件"对话框，在其中选择"零件"图标 🖴，然后单击"确定"按钮，创建一个新的零件文件。

3）保存文件。单击"快速访问"工具栏中的"保存"按钮 💾，此时系统弹出"另存为"对话框。在"文件名"栏中输入"基座"，然后单击"保存"按钮，创建一个文件名为"基座"的零件文件。

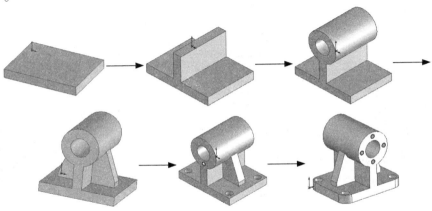

图 4-61　绘制基座的流程

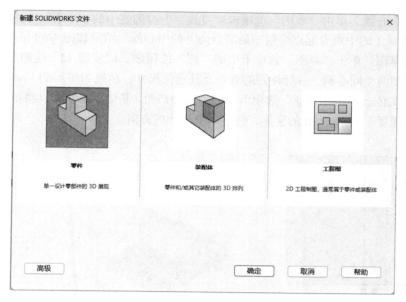

图 4-62 "新建 SOLIDWORK 文件"对话框

4）设置基准面。在 FeatureManager 设计树中选择"上视基准面"作为绘制图形的基准面。

5）绘制草图。单击"草图"选项卡中的"边角矩形"按钮□，以原点为一角点绘制一个矩形并标注尺寸，结果如图 4-63 所示。

6）拉伸实体。单击"特征"选项卡中的"拉伸凸台/基体"按钮，将步骤 5）绘制的草图拉伸为"深度"为 20mm 的实体，结果如图 4-64 所示。

7）设置基准面。选择图 4-64 中的面 1，然后单击"视图（前导）"工具栏"视图定向"下拉列表中的"正视于"按钮，将该面作为绘制图形的基准面。

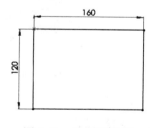

图 4-63 绘制的草图

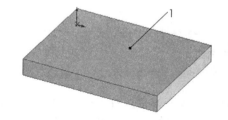

图 4-64 拉伸的图形

8）绘制草图。单击"草图"选项卡中的"边角矩形"按钮□，以基准面的左右表面为矩形的两边绘制一个矩形并标注尺寸，结果如图 4-65 所示。

9）拉伸实体。单击"特征"选项卡中的"拉伸凸台/基体"按钮，将步骤 8）绘制的草图拉伸为"深度"为 60mm 的实体。

10）设置视图方向。单击"视图（前导）"工具栏"视图定向"下拉列表中的"等轴测"按钮，将视图以等轴测方向显示，结果如图 4-66 所示。

11）设置基准面。选择图 4-66 中的面 1，然后单击"视图（前导）"工具栏"视图定向"下拉列表中的"正视于"按钮，将该面作为绘制图形的基准面，结果如图 4-67 所示。

12）绘制中心线。单击"草图"选项卡"直线"下拉列表中的"中心线"图形按钮✏，以图 4-67 中的边线 1 的中点为起点绘制一条竖直向上的中心线，结果如图 4-68 所示。

13）绘制草图。单击"草图"选项卡中的"圆"按钮⊙，以步骤 12）绘制竖直中心线上的一点为圆心绘制两个同心圆，并标注圆的直径及其定位尺寸，结果如图 4-69 所示。

14）拉伸实体。单击"特征"选项卡中的"拉伸凸台/基体"按钮⬛，将步骤 13）绘制的草图拉伸为"深度"为 120mm 的实体，注意调整拉伸的方向。

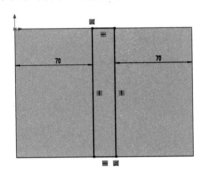

图 4-65　绘制的草图

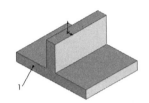

图 4-66　等轴测视图

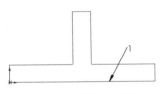

图 4-67　设置基准面

15）设置视图方向。单击"视图（前导）"工具栏"视图定向"下拉列表中的"等轴测"按钮⬛，将视图以等轴测方向显示，结果如图 4-70 所示。

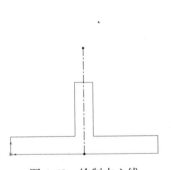

图 4-68　绘制中心线

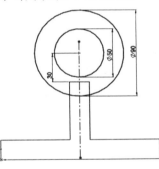

图 4-69　绘制草图

图 4-70　等轴测视图

16）添加基准面。在 FeatureManager 设计树中选择"前视基准面"，然后单击"特征"选项卡"参考几何体"下拉列表中的"基准面"按钮⬛，此时系统弹出如图 4-71 所示的"基准面"属性管理器。在"偏移距离"栏中输入 60mm，并调整设置基准面的方向。单击属性管理器中的"确定"按钮✔，添加一个新的基准面，结果如图 4-72 所示。

17）设置基准面。单击步骤 16）添加的基准面，然后单击"视图（前导）"工具栏"视图定向"下拉列表中的"正视于"按钮⬛，将该基准面作为绘制图形的基准面。

18）绘制草图。单击"草图"选项卡中的"直线"以及"三点圆弧"按钮，绘制如图 4-73 所示的草图并标注尺寸。

19）拉伸实体。单击"特征"选项卡中的"拉伸凸台/基体"按钮⬛，此时系统弹出如图 4-74 所示的"凸台-拉伸"属性管理器。在"终止条件"栏的下拉列表中选择"两侧对称"选项，在"深度"栏中输入 20mm，单击属性管理器中的"确定"按钮✔。

图 4-71 "基准面"属性管理器

图 4-72 添加新的基准面

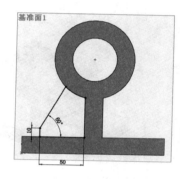

图 4-73 绘制草图

20）设置视图方向。按住鼠标中键拖动并旋转视图，将视图以合适的方向显示，结果如图 4-75 所示。

21）添加基准面。在 FeatureManager 设计树中选择"右视基准面"，然后在菜单栏中选择"插入"→"参考几何体"→"基准面"命令，此时系统弹出如图 4-76 所示的"基准面"属性管理器。在"偏移距离"栏中输入 80mm，并调整设置基准面的方向。单击属性管理器中的"确定"按钮✔，添加一个新的基准面，结果如图 4-76 所示。

图 4-74 "凸台 - 拉伸"属性管理器

图 4-75 拉伸的图形

图 4-76 "基准面"属性管理器

22）镜像实体。单击"特征"选项卡中的"镜像"按钮 ，此时系统弹出如图 4-78 所示的"镜像"属性管理器。在"镜像面 / 基准面"栏中选择步骤 21）添加的基准面，即图 4-77 中的基准面 2，在"要镜像的特征"栏中选择步骤 19）拉伸的实体，即图 4-75 中拉伸的实体。单击属性管理器中的"确定"按钮 。

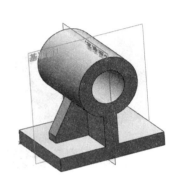

图 4-77　添加新的基准面

图 4-78　"镜像"属性管理器

23）设置视图方向。按住鼠标中键拖动并旋转视图，将视图以合适的方向显示，结果如图 4-79 所示。

24）隐藏基准面。在菜单栏中选择"视图"→"隐藏 / 显示"→"基准面"命令，取消视图中基准面的显示，结果如图 4-80 所示。

25）设置基准面。选择图 4-80 中的面 1，然后单击"视图（前导）"工具栏"视图定向"下拉列表中的"正视于"按钮 ，将该面作为绘制图形的基准面。

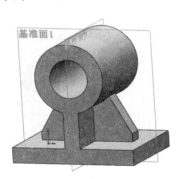

图 4-79　镜像的图形

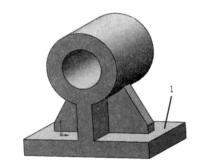

图 4-80　隐藏基准面的图形

26）添加柱形沉头孔。在菜单栏中选择"插入"→"特征"→"钻孔"→"向导"命令，或者单击"特征"选项卡中的"异型孔向导"按钮 ，此时系统弹出如图 4-81 所示的"孔规格"属性管理器。按照图 4-81 所示进行设置后，单击"位置"选项卡，然后用光标在步骤 25）设置的基准面上添加 4 个点，并标注点的位置，结果如图 4-82 所示。单击属性管理器中的"确定"按钮 ，完成柱形沉头孔的绘制。

27）设置视图方向。按住鼠标中键拖动并旋转视图，将视图以合适的方向显示，结果如图 4-83 所示。

28）设置基准面。选择图 4-83 中的面 1，然后单击"视图（前导）"工具栏"视图定向"下拉列表中的"正视于"按钮⬆️，将该面作为绘制图形的基准面。

图 4-81 "孔规格"属性管理器

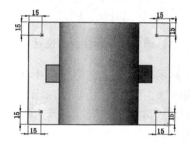

图 4-82 标注点的位置

图 4-83 设置基准面

29）添加螺纹孔。在菜单栏中选择"插入"→"特征"→"孔"→"向导"命令，或者单击"特征"选项卡中的"异型孔向导"按钮，此时系统弹出如图 4-84 所示的"孔规格"属性管理器。按照图 4-84 所示进行设置后，单击"位置"选项卡，然后用光标在步骤 28）设置的基准面上添加一个点，并标注点的位置，结果如图 4-85 所示。单击属性管理器中的"确定"按钮✔️，完成螺纹孔的绘制。

30）设置视图方向。单击"视图（前导）"工具栏"视图定向"下拉列表中的"等轴测"按钮🧊，将视图以等轴测方向显示，结果如图 4-86 所示。

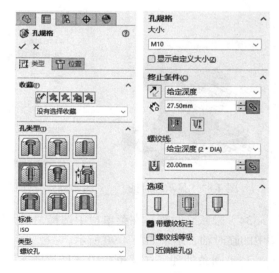

图 4-84 "孔规格"属性管理器

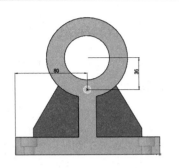

图 4-85　标注点的位置

图 4-86　等轴测视图

31）显示临时轴。在菜单栏中选择"视图"→"隐藏/显示"→"临时轴"命令，显示视图中的临时轴，结果如图 4-87 所示。

32）圆周阵列螺纹孔。在菜单栏中选择"工具"→"阵列/镜像"→"圆周阵列"命令，或者单击"特征"选项卡"线性阵列"下拉列表中的"圆周阵列"按钮 ，此时系统弹出如图 4-88 所示的"圆周阵列"属性管理器。在"阵列轴"栏中选择图 4-87 中的临时轴 1，在"要阵列的特征"栏中选择步骤 29）添加的螺纹孔，即图 4-86 中的螺纹孔。按照图 4-88 所示进行设置后，单击属性管理器中的"确定"按钮图标 ，结果如图 4-89 所示。

33）绘制轴套另一端螺纹孔。重复步骤 28）～32），绘制轴套另一端的螺纹孔，规格为M10。这里为方便快捷，用镜像命令完成此步骤。

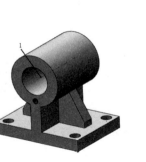

图 4-87　显示临时轴　　　图 4-88　"圆周阵列"属性管理器　　　图 4-89　圆周阵列的螺纹孔

34）隐藏临时轴。在菜单栏中选择"视图"→"隐藏/显示"→"临时轴"命令，隐藏视图中的临时轴，结果如图 4-90 所示。

35）圆角处理。在菜单栏中选择"插入"→"特征"→"圆角"命令，或者单击"特征"选项卡中的"圆角"按钮 ，此时系统弹出如图 4-91 所示的"圆角"属性管理器。在"半径"

栏中输入 20mm，在"边线、面、特征和环"栏中选择图 4-90 中底座的 4 条竖直边线。单击属性管理器中的"确定"按钮图标 ✔，结果如图 4-92 所示。

图 4-90　隐藏临时轴　　　　图 4-91　"圆角"属性管理器　　　　图 4-92　圆角图形

36）设置视图方向。按住鼠标中键拖动并旋转视图，将视图以合适的方向显示，结果如图 4-93 所示。至此，基座绘制完毕，此时基座的 FeatureManager 设计树如图 4-94 所示。

图 4-93　绘制的基座　　　　　　图 4-94　基座的 FeatureManager 设计树

4.7　上机操作

通过前面的学习，读者对本章知识已有了大致的了解，本节将通过操作如图 4-95 所示的叶轮的练习使读者进一步掌握本章的知识要点。

图 4-95　叶轮

操作提示：

1）生成叶轮实体。绘制草图并标注尺寸如图 4-96a 所示，旋转凸台特征如图 4-96b 所示。

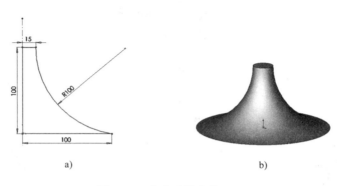

a)　　　　　　　　　　　　　　　b)

图 4-96　生成叶轮实体

2）创建叶片。产生基准面 1（平行于前视基准面，偏移距离为 100mm），在基准面 1 绘制草图如图 4-97a 所示。拉伸凸台，模式设置为"成形到一面"，如图 4-97b 所示。

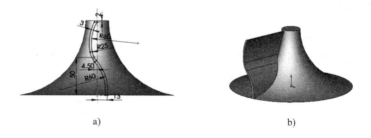

a)　　　　　　　　　　　　　　　b)

图 4-97　创建叶片

3）切削叶片。在右视平面绘制草图如图 4-98a 所示，产生拉伸切除特征如图 4-98b 所示。

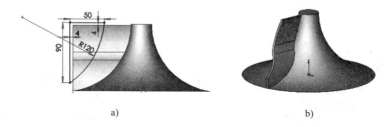

a)　　　　　　　　　　　　　　　b)

图 4-98　切削叶片

4）圆周阵列。将叶片进行圆周阵列，如图 4-99 所示。

5）切削叶轮。选取实体底面，绘制草图如图 4-100a 所示；拉伸切除，模式设置为"完全贯穿"，如图 4-100b 所示。

6）产生叶轮底座与中心孔。选取实体底面，绘制草图如图 4-101a 所示，拉伸凸台高度为 10mm，如图 4-101b 所示。绘制草图如图 4-102a 所示。拉伸切除，模式设置为"完全贯穿"，如图 4-102b 所示。

7）倒圆，如图 4-103 所示。

图 4-99　圆周阵列实体形状

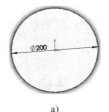

a)

b)

图 4-100　切削叶轮

a)

b)

图 4-101　产生叶轮底座与中心孔

a)

b)

图 4-102　绘制草图

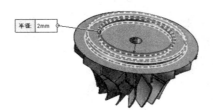

图 4-103　倒圆

第5章　辅助特征工具

导读

在复杂的建模过程中，单一的特征命令有时不能完成相应的建模，还需要利用辅助平面和辅助直线等手段来完成模型的绘制。这些辅助手段就是参考几何体。SOLIDWORKS 提供了实际建模过程中需要的参考几何体。

查询功能主要是查询所建模型的表面积、体积及质量等相关信息，计算设计零部件的结构强度、安全因子等。

◎ 查询
◎ 零件的特征管理
◎ 零件的显示

5.1 查询

查询功能主要是查询所建模型的表面积、体积及质量等相关信息，计算设计零部件的结构强度、安全因子等。SOLIDWORKS 提供了 3 种查询功能，分别是测量、质量属性与截面属性。

这 3 个命令按钮位于"评估"选项卡中，如图 5-1 所示。

图 5-1　"评估"选项卡

5.1.1 测量

测量功能可以测量草图、三维模型、装配体或者工程图中直线、点、曲面、基准面的距离、角度、半径和大小，以及它们之间的距离、角度、半径或尺寸。当测量两个实体之间的距离时，DeltaX、DeltaY 和 DeltaZ 的距离会显示出来。当选择一个顶点或草图点时，会显示其 X、Y 和 Z 坐标值。

下面通过实例介绍测量点坐标、测量距离、测量面积与周长的操作步骤。

【例 5-1】通过实例介绍测量点坐标的操作步骤。测量点坐标主要测量草图中的点、模型中的顶点坐标。

1）新建零件，绘制如图 5-2 所示的图形。

2）执行测量命令。在菜单栏中选择"工具"→"评估"→"测量"命令，或者单击"评估"选项卡"测量"按钮 ，此时系统弹出"测量"对话框。

3）选择测量点。单击图 5-2 中的点 1，则在"测量"对话框中便会显示出该点的坐标值，如图 5-3 所示。

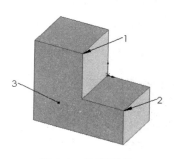

图 5-2　绘制图形

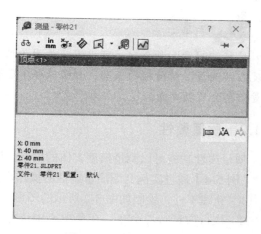

图 5-3　"测量"对话框 1

【例 5-2】通过实例介绍测量距离的操作步骤。测量距离主要用来测量两点、两条边和两面之间的距离。

1）新建零件，绘制如图 5-2 所示的图形。

2）执行测量命令。在菜单栏中选择"工具"→"评估"→"测量"命令，或者单击"评估"选项卡中的"测量"按钮 ，此时系统弹出"测量"对话框 2。

3）选择测量点。单击图 5-2 中的点 1 和点 2，则在"测量"对话框中便会显示出所选两点的绝对距离以及 X、Y 和 Z 坐标的差值，如图 5-4 所示。

【例 5-3】测量面积与周长。

1）新建零件，绘制如图 5-2 所示的图形。

2）在菜单栏中选择"工具"→"评估"→"测量"命令，或者单击"评估"选项卡"测量"按钮 ，此时系统弹出"测量"对话框 3。

3）单击图 5-2 中的面 3，则在"测量"对话框中便会显示出该面的面积与周长，如图 5-5 所示。

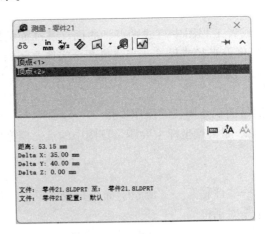

图 5-4 "测量"对话框 2

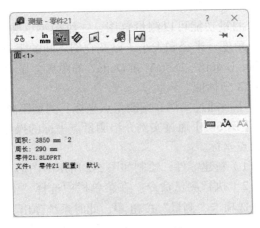

图 5-5 "测量"对话框 3

注意：

执行"测量"命令时，可以不必关闭属性管理器而切换不同的文件。当前激活的文件名会出现在"测量"对话框的顶部，如果选择了已激活文件中的某一测量项目，则属性管理器中的测量信息会自动更新。

5.1.2 质量属性

质量属性功能可以测量模型实体的质量、体积、表面积与惯性矩等。

【例 5-4】通过实例介绍质量属性的操作步骤。

1）新建零件，绘制如图 5-2 所示的图形。

2）执行质量特性命令。在菜单栏中选择"工具"→"评估"→"质量属性"命令，或者单击"评估"选项卡"质量属性"按钮 ，此时系统弹出如图 5-6 所示的"质量属性"对话框。在该对话框中会自动计算出该模型实体的质量、体积、表面积与惯性矩等，模型实体的主轴和质量中心则显示在视图中，如图 5-7 所示。

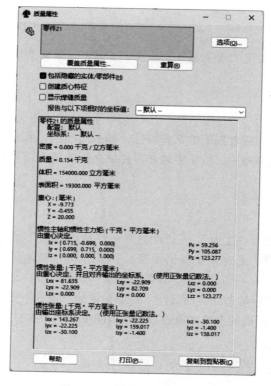

图 5-6 "质量属性"对话框

图 5-7 显示主轴和质量中心的视图

3）设置密度。单击"质量属性"属性管理器中的"选项"按钮，系统弹出如图 5-8 所示的"质量 / 截图属性选项"对话框，单击"使用自定义设定"单选项，在"材料属性"的"密度"栏中可以设置模型实体的密度。

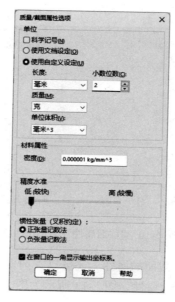

图 5-8 "质量 / 截图属性选项"对话框

 注意：

在计算另一个零件质量属性时，不需要关闭"质量属性"属性管理器，选择需要计算的零部件，然后单击"重算"按钮即可。

5.1.3 截面属性

截面属性可以查询草图、模型实体重平面或者剖面的某些特性，如截面面积、截面重心的坐标、在重心的面惯性矩、在重心的面惯性极力矩、位于主轴和零件轴之间的角度以及面心的二次矩等。

【例 5-5】通过实例介绍截面属性的操作步骤。

1）新建零件，绘制如图 5-9 所示的图形。

2）执行截面属性命令。在菜单栏中选择"工具"→"评估"→"截面属性"命令，或单击"评估"选项卡中"截面属性"按钮 ，此时系统弹出如图 5-10 所示的"截面属性"对话框。

3）选择截面。单击图 5-9 中的面 1，然后单击"截面属性"对话框中的"重算"按钮，计算结果出现在"截面属性"对话框中。所选截面的主轴和重心显示在视图中，如图 5-11 所示。

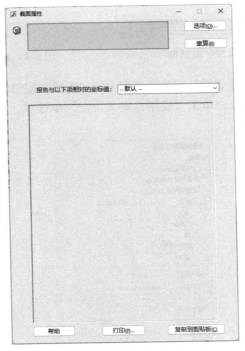

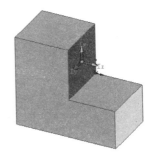

图 5-9　绘制图形　　　　图 5-10　"截面属性"对话框　　　图 5-11　显示主轴和重心的图形

截面属性不仅可以查询单个截面的属性，还可以查询多个平行截面的联合属性。图 5-12 所示为图 5-9 的面 1 和面 2 的联合属性，图 5-13 所示为图 5-9 的面 1 和面 2 的主轴和重心的显示。

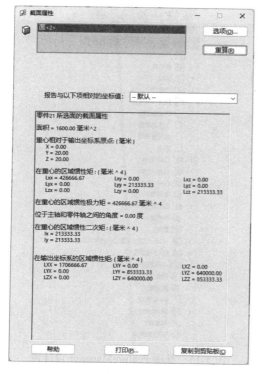

图 5-12　"截面属性"对话框

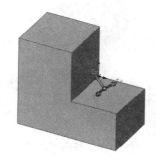

图 5-13　显示主轴和重心的图形

5.2　零件的特征管理

零件的建模过程实际上是创建和管理特征的过程。本节将介绍零件的特征管理，分别是：退回与插入特征、压缩与解除压缩特征、动态修改特征。

5.2.1　退回与插入特征

退回特征命令可以查看某一特征生成前后模型的状态。插入特征命令用于在某一特征之后插入新的特征。

1. 退回特征

1）退回特征有两种方式：一种为使用"退回控制棒"，另一种为使用快捷菜单。

2）在 FeatureManager 设计树的最底端有一条黄黑色粗实线，该线就是"退回控制棒"。图 5-14 所示为基座的零件图，图 5-15 所示为基座的 FeatureManager 设计树。当将光标放在"退回控制棒"上时，光标变为 🖑 形状。单击，此时"退回控制棒"以蓝色显示，拖动光标到欲查看的特征上并释放鼠标，此时基座的 FeatureManager 设计树如图 5-16 所示，基座如图 5-17 所示。

3）从图 5-17 中可以看出，查看特征后的特征在零件模型上没有显示，表明该零件模型退回到该特征以前的状态。

图 5-14　基座零件图

图 5-15　基座 FeatureManager 设计树

图 5-16　退回的 FeatureManager 设计树

图 5-17　退回的基座零件模型

4）退回特征可以使用快捷菜单进行操作，单击基座 FeatureManager 设计树中的"M10 六角凹头螺钉的柱形沉头孔 1"特征，然后右击，系统弹出如图 5-18 所示的快捷菜单，在其中选择"退回"选项，该零件模型退回到该特征以前的状态，如图 5-17 所示。也可以在退回状态下，使用如图 5-19 所示的快捷菜单，根据需要选择退回操作。

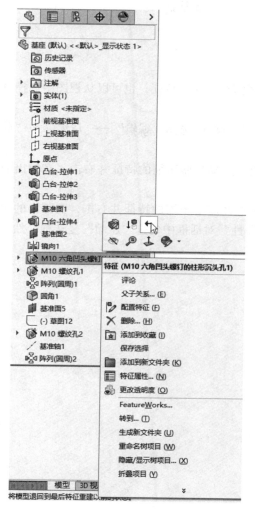

图 5-18　快捷菜单　　　　　　　　　图 5-19　退回快捷菜单

5）在图 5-19 所示的快捷菜单中，"向前推进"选项表示退回到下一个特征，"退回到前"选项表示退回到上一退回特征状态，"退回到尾"选项表示退回到特征模型的末尾，即处于模型的原始状态。

 注意：

1）当零件模型处于退回特征状态时，将无法访问该零件的工程图和基于该零件的装配图。

2）不能保存处于退回特征状态的零件图，在保存零件时，系统将自动释放退回状态。

3）在重新创建零件的模型时，处于退回状态的特征不会被考虑，即使其处于压缩状态。

SOLIDWORKS 2024 中文版快速入门实例教程

2. 插入特征

插入特征是零件设计中一项非常实用的操作。插入特征的操作步骤如下：

1）将 FeatureManager 设计树中的"退回控制棒"拖到需要插入特征的位置。

2）根据设计需要生成新的特征。

3）将"退回控制棒"拖动到设计树的最后位置，完成特征插入。

5.2.2　压缩与解除压缩特征

1. 压缩特征

压缩特征可以从 FeatureManager 设计树中选择需要压缩的特征，也可以从视图中选择需要压缩特征的一个面。压缩特征的方法有以下三种：

1）菜单栏方式。选择要压缩的特征，然后在菜单栏中选择"编辑"→"压缩"→"此配置"命令。

2）快捷菜单方式。在 FeatureManager 设计树中选择需要压缩的特征并右击，在弹出的快捷菜单中选择"压缩"选项，如图 5-20 所示。

3）对话框方式。在 FeatureManager 设计树中选择需要压缩的特征并右击，在弹出的快捷菜单中选择"特征属性"选项。在弹出的"特征属性"对话框中勾选"压缩"复选框，然后单击"确定"按钮，如图 5-21 所示。

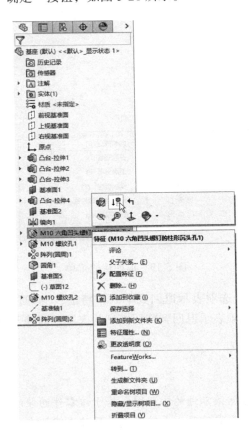

图 5-20　快捷菜单

图 5-21　"特征属性"对话框

特征被压缩后在模型中不再被显示，但是并没有被删除，被压缩的特征在 FeatureManager 设计树中以灰色显示。图 5-22 所示为基座后面 4 个特征被压缩后的图形，图 5-23 所示为压缩后的 FeatureManager 设计树。

图 5-22　压缩特征后的基座　　　　　　　图 5-23　压缩后的 FeatureManager 设计树

2. 解除压缩特征

1）菜单栏方式。选择要解除压缩的特征，然后在菜单栏中选择"编辑"→"解除压缩"→"此配置"命令。

2）快捷菜单方式。选择要解除压缩的特征并右击，在弹出的快捷菜单中选择"解除压缩"选项。

3）对话框方式。选择要解除压缩的特征并右击，在弹出的快捷菜单中选择"特征属性"选项。在弹出的"特征属性"对话框中取消勾选"压缩"复选框，然后单击"确定"按钮。

压缩的特征被解除以后，视图中将显示该特征，在 FeatureManager 设计树中该特征将以正常模式显示。

5.2.3　动态修改特征

动态修改特征可以通过拖动控标或标尺来快速生成和修改模型几何体，即动态修改特征是指系统不需要退回编辑特征的位置，直接对特征进行动态修改的命令。动态修改是通过控标移动、旋转和调整，拉伸及旋转特征的大小。通过动态修改可以修改特征，也可以修改草图。

1. 修改草图

【例 5-6】以法兰盘为例，说明修改草图的动态修改特征的操作步骤。

1）打开随书电子资料中源文件 / 第 5 章 / 例 5-6-1.SLDPRT 文件。执行命令。单击"特征"选项卡中的"Instant3D"按钮 ，开始动态修改特征操作。

2）选择需要修改的特征。单击 FeatureManager 设计树中的"凸台 - 拉伸 1"，视图中该特征被亮显，如图 5-24 所示。同时，出现该特征的修改控标。

3）修改草图。移动直径为 80 的控标，屏幕出现标尺，使用屏幕上的标尺可精确测量修改，将直径改为 100，如图 5-25 所示，对草图进行修改，如图 5-26 所示。

4）退出修改特征。单击"特征"选项卡中的"Instant3D"按钮 ，退出动态修改特征操作，此时图形如图 5-27 所示。

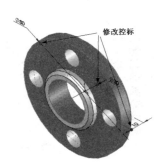

图 5-24　选择需要修改的特征

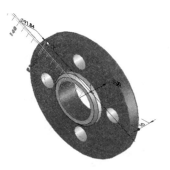

图 5-25　修改草图

图 5-26　修改后的草图

图 5-27　修改后的图形

2. 修改特征

【例 5-7】以法兰盘为例说明修改特征的动态修改特征的操作步骤。

1）打开随书电子资料中的源文件 / 第 5 章 / 例 5-7-1.SLDPRT 文件。执行命令。单击"特征"选项卡中的"Instant3D"按钮 ，开始动态修改特征操作。

2）选择需要修改的特征。单击 FeatureManager 设计树中的"凸台 - 拉伸 2"，视图中该特征被亮显，如图 5-28 所示。同时，出现该特征的修改控标。

3）通过控标修改特征。拖动距离为 50mm 的修改控标，调整拉伸的长度为 50mm，如图 5-29 所示。

4）退出修改特征。单击"特征"选项卡中的"Instant3D"按钮 ，退出动态修改特征操作。此时图形如图 5-30 所示。

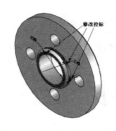

图 5-28　选择特征的图形

图 5-29　拖动修改控标

图 5-30　修改后的图形

5.3　零件的显示

零件建模时，SOLIDWORKS 提供了默认的颜色、材质及光源等外观显示。还可以根据实际需要设置零件的颜色及透明度，使设计的零件更加接近实际情况。

5.3.1　设置零件的颜色

设置零件的颜色包括设置整个零件的颜色属性、设置所选特征的颜色属性以及设置所选面的颜色属性。

1. 设置零件的颜色属性

【例 5-8】以带轮为例，说明设置零件的颜色属性的操作步骤。

1）打开随书电子资料中源文件 / 第 5 章 / 带轮 .SLDPRT 文件。执行命令。右击 Feature Manager 设计树中的文件名称"带轮"，在弹出的快捷菜单中选择"外观"→"外观"选项，如图 5-31 所示。

2）设置"颜色"属性管理器。系统弹出如图 5-32 所示的属性管理器，在"颜色"栏中选择需要的颜色，然后单击属性管理器中的"确定"按钮✔。此时整个零件以设置的颜色显示。

2. 设置所选特征的颜色属性

【例 5-9】以带轮为例，说明设置所选特征的颜色属性的操作步骤。

1）打开随书电子资料中源文件 / 第 5 章 / 带轮 .SLDPRT 文件。选择需要修改的特征。在 FeatureManager 设计树中选择需要改变颜色的特征（可以按 Ctrl 键选择多个特征）。

2）执行命令。右击所选特征，在弹出的快捷菜单中选择"外观"→"特征"选项，如图 5-33 所示。

3）设置"颜色"属性管理器。系统弹出如图 5-32 所示的"颜色"属性管理器，在"颜色"栏中选择需要的颜色，然后单击属性管理器中的"确定"按钮✔，此时零件如图 5-34 所示。

3. 设置所选面的颜色属性

【例 5-10】以带轮为例，说明设置所选面的颜色属性的操作步骤。

1）打开随书电子资料中源文件 / 第 5 章 / 带轮 .SLDPRT 文件。选择需要修改的面。右击如图 5-34 所示的面 1，此时系统弹出如图 5-35 所示的快捷菜单。

2）执行命令。在快捷菜单中单击"外观"→"面 <1>@ 旋转 1"选项。

3）设置属性管理器。在"颜色"栏中选择需要的颜色，然后单击属性管理器中的"确定"按钮✔，此时零件如图 5-36 所示。

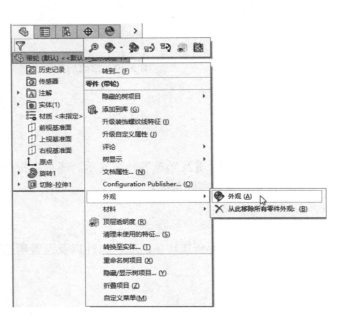

图 5-31　设置外观快捷菜单

图 5-32　"颜色"属性管理器

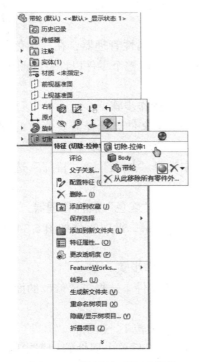

图 5-33　设置外观快捷菜单

图 5-34　设置颜色后的图形

图 5-35　设置外观快捷菜单

图 5-36　设置颜色后的图形

 注意：

对于单个零件而言，设置实体颜色可以渲染实体更加接近实际情况。对于装配体而言，设置零件颜色可以使装配体具有层次感，方便观测。

5.3.2　设置零件的透明度

在装配体零件中，外面零件遮挡内部的零件，给零件的选择造成困难。设置零件的透明度后，可以透过透明零件选择非透明对象。

下面通过如图 5-37 所示的传动装配体，说明设置零件透明度的操作步骤。图 5-38 所示为装配体文件的 FeatureManager 设计树。

图 5-37　传动装配体

图 5-38　FeatureManager 设计树

1）执行命令。右击 FeatureManager 设计树中的文件名称"基座 <1>"，或者右击视图中的基座 1，系统弹出如图 5-39 所示的快捷菜单，在"零部件（基座）"栏中选择"外观"→"颜色"选项。

2）设置透明度。系统弹出如图 5-40 所示的"颜色"属性管理器，在"照明度"的"透明量"栏中调节所选零件的透明度。

3）确认设置的透明度。单击属性管理器中的"确定"按钮✔，结果如图 5-41 所示。

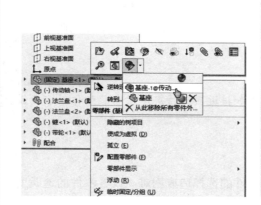

图 5-39 设置透明度快捷菜单   图 5-40 "颜色"属性管理器   图 5-41 设置透明度后的图形

5.4 上机操作

1. 创建相距前视基准面 100mm 的基准面

操作提示：

1）选择零件图标，进入零件图模式。

2）选择前视基准面，利用"基准平面"命令，在打开的属性管理器中输入距离为 100mm。

2. 对传动装配体文件中的各个零件更改颜色

操作提示：

1）打开传动装配体文件。

2）更改各个零件颜色。

第6章 曲线和曲面

导读

复杂和不规则的实体模型通常是由曲线和曲面组成的，所以曲线和曲面是三维曲面实体模型建模的基础。

三维曲线的引入使 SOLIDWORKS 的三维草图绘制能力显著提高。用户可以通过三维操作命令绘制各种三维曲线，也可以通过三维样条曲线控制三维空间中的任何一点，从而直接控制空间草图的形状。三维草图绘制通常用于管路设计和线缆设计，以及作为其他复杂的三维模型的扫描路径。

◎ 绘制三维草图
◎ 生成曲线和曲面
◎ 编辑曲面

6.1　绘制三维草图

在学习曲线生成方式之前，首先要了解三维草图的绘制，它是生成空间曲线的基础。

SOLIDWORKS 可以直接在基准面上或者在三维空间的任意点绘制三维草图实体，绘制的三维草图可以作为扫描路径和扫描的引导线，也可以作为放样路径和放样中心线等。

【例 6-1】以绘制三维空间直线为例，说明三维草图的绘制步骤。

1）新建零件图，设置视图方向。单击"视图（前导）"工具栏"视图定向"下拉列表中的"等轴测"按钮⬛，设置视图方向为等轴测方向。在该视图方向下，坐标 X、Y、Z 三个方向均可见，可以比较方便地绘制三维草图。

2）执行三维草图命令。在菜单栏中选择"插入"→"3D 草图"命令，或者单击"草图"选项卡中的"草图绘制"下拉列表"3D 草图"按钮⬛，进入三维草图绘制状态。

3）选择草图绘制工具。单击"草图"选项卡中绘制需要的草图工具，本例单击"直线"按钮⟋，开始绘制三维空间直线，注意此时在绘图区域中出现了空间控标，如图 6-1 所示。

4）绘制草图。以原点为起点绘制草图，基准面为控标提示的基准面，方向由光标拖动决定，图 6-2 所示为在 XY 基准面上绘制的草图。

图 6-1　控标显示

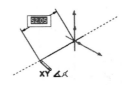

图 6-2　在 XY 基准面上绘制草图

5）改变绘制的基准面。步骤 4）是在 XY 的基准面上绘制直线，当继续绘制直线时，控标会显示出来。按 Tab 键，会改变绘制的基准面，依次为 XY、YZ、ZX 基准面。图 6-3 所示为在 YZ 基准面上绘制的草图。按 Tab 键，依次绘制其他基准面上的草图。绘制完成的三维草图如图 6-4 所示。

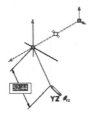

图 6-3　在 YZ 基准面上绘制草图

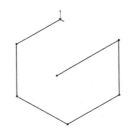

图 6-4　绘制的三维草图

6）退出三维草图绘制。再次单击"草图"选项卡中的"草图绘制"下拉列表"3D 草图"⬛，或者在绘图区右击，在弹出的快捷菜单中单击"退出草图"按钮⬛，如图 6-5 所示，退出三维草图绘制状态。

图 6-5　右键快捷菜单

 注意：

在绘制三维草图时，绘制的基准面要以控标显示为准，不要人为主观判断，要注意实时按 Tab 键，变换视图的基准面。

二维草图和三维草图既有相似之处，又有不同之处。在绘制三维草图时，二维草图中的所有圆、弧、矩形、直线、样条曲线和点等工具都可用，只有曲面上的样条曲线工具只能在三维草图上可用。在添加几何关系时，二维草图中大多数几何关系都可用于三维草图中，但是对称、阵列、等距和等长线例外。

对于二维草图，其绘制的草图实体是所有几何体在要绘制草图的基准面上的投影，三维草图是空间实体。

在绘制三维草图时，除了使用系统默认的坐标系外，用户还可以定义自己的坐标系，此坐标系将同测量、质量特性等工具一起使用。

【例 6-2】以设置图 6-6 中 A 处的坐标系为例，说明建立坐标系的步骤。

1）新建零件图，绘制如图 6-6 所示的图形。

2）执行坐标系命令。在菜单栏中选择"插入"→"参考几何体"→"坐标系"命令，或者单击"特征"选项卡"参考几何体"下拉列表中的"坐标系"按钮 ，此时系统弹出"坐标系"属性管理器。

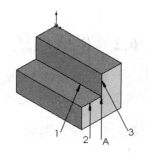

图 6-6　添加坐标系前的图形

3）设置属性管理器。单击属性管理器中的"原点"显示框，然后在图 6-6 中单击点 A，设置 A 点为新坐标系的原点；单击属性管理器中的 X 轴下面的"X 轴参考方向"显示框，然后单击图 6-6 中的边线 1，设置边线 1 为 X 轴；依次设置图 6-6 中的边线 2 为 Y 轴，边线 3 为 Z 轴，此时"坐标系"属性管理器如图 6-7 所示。

4）确认设置。单击属性管理器中的"确定"按钮 ，完成坐标系的设置，结果如图 6-8 所示。

 注意：

在设置坐标系的过程中，如果坐标轴的方向不是想要的方向，可以单击"坐标系"属性管理器中的"设置轴前面的反转方向"按钮 进行设置。

图 6-7 "坐标系"属性管理器

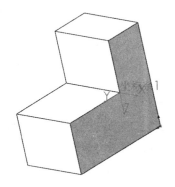

图 6-8 添加坐标系后的图形

在设置坐标系时，X 轴、Y 轴和 Z 轴的参考方向可为以下实体：

➢ 顶点、点或者中点：将轴向的参考方向与所选点对齐。

➢ 线性边线或者草图直线：将轴向的参考方向与所选边线或者直线平行。

➢ 非线性边线或者草图实体：将轴向的参考方向与所选实体上的所选位置对齐。

➢ 平面：将轴向的参考方向与所选面的垂直方向对齐。

6.2 生成曲线

曲线是构建复杂实体的基本要素，生成曲线的方式主要有投影曲线、组合曲线、螺旋线和涡状线、分割线、通过参考点的曲线以及通过 XYZ 点的曲线等。

6.2.1 投影曲线

在 SOLIDWORKS 中，投影曲线主要由两种方式生成：一种方式是将绘制的曲线投影到模型面上来生成一条三维曲线；另一种方式是首先在两个相交的基准面上分别绘制草图，此时系统会将每一个草图沿所在平面的垂直方向投影得到一个曲面，最后这两个曲面在空间中相交而生成一条三维曲线。下面分别介绍这两种方式生成曲线的操作步骤。

【例 6-3】利用绘制曲线投影到模型面上生成曲线的操作步骤。

1）新建零件图，设置基准面。在 FeatureManager 设计树中选择"上视基准面"作为绘制图形的基准面。

2）绘制样条曲线。在菜单栏中选择"工具"→"草图绘制实体"→"样条曲线"命令，或者单击"草图"选项卡中的"样条曲线"按钮 N，在步骤 1）设置的基准面上绘制一个样条曲线，结果如图 6-9 所示。

3）拉伸曲面。在菜单栏中选择"插入"→"曲面"→"拉伸曲面"命令，或者单击"曲面"选项卡中的"拉伸曲面"按钮🖌，此时系统弹出如图 6-10 所示的"曲面 - 拉伸"属性管理器。

4）确认拉伸曲面。按照图 6-10 所示进行设置，注意设置曲面拉伸的方向。然后单击"曲面 - 拉伸"属性管理器中的"确定"按钮✔，完成曲面拉伸，结果如图 6-11 所示。

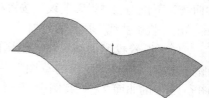

图 6-9　绘制的样条曲线　　　图 6-10　"曲面 - 拉伸"属性管理器　　　图 6-11　拉伸的曲面

5）添加基准面。在 FeatureManager 设计树中选择"上视基准面"，然后在菜单栏中选择"插入"→"参考几何体"→"基准面"命令，或者单击"特征"选项卡中的"参考几何体"下拉列表"基准面"按钮🗐，此时系统弹出如图 6-12 所示的"基准面"属性管理器。选择"前视基准面"，在"偏移距离"栏中输入 50mm，并调整设置基准面的方向。单击属性管理器中的"确定"按钮✔，添加一个新的基准面，结果如图 6-13 所示。

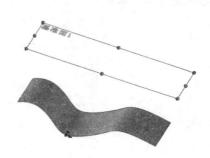

图 6-12　"基准面"属性管理器　　　　　　　图 6-13　添加的基准面

6）设置基准面。在 FeatureManager 设计树中单击步骤 5）添加的基准面，然后单击"视图（前导）"工具栏"视图定向"下拉列表的"正视于"按钮↥，将该基准面作为绘制图形的基准面。

7）绘制样条曲线。单击"草图"选项卡中的"样条曲线"按钮∿，绘制如图 6-14 所示的样条曲线，然后退出草图绘制状态。

8）设置视图方向。单击"视图（前导）"工具栏"视图定向"下拉列表中的"等轴测"按钮◙，将视图以等轴测方向显示，结果如图 6-15 所示。

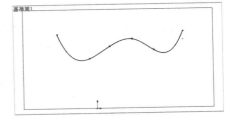

图 6-14　绘制的样条曲线

9）生成投影曲线。在菜单栏中选择"插入"→"曲线"→"投影曲线"命令，或者单击"特征"选项卡中的"曲线"下拉列表"投影曲线"按钮◙，或单击"曲线"工具栏中的"投影曲线"按钮◙，此时系统弹出"投影曲线"属性管理器。

10）设置投影曲线。在"投影曲线"属性管理器"投影类型"下拉列表中选择"面上草图"选项，在"要投影的草图"栏中选择图 6-15 中的样条曲线 1，在"投影面"栏中选择图 6-15 中的曲面 2。在视图中观测投影曲线的方向是否投影到曲面，勾选"反转投影"复选框，使曲线投影到曲面上，设置好的属性管理器如图 6-16 所示。

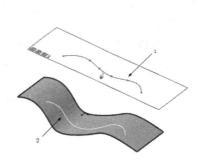

图 6-15　等轴测视图

图 6-16　"投影曲线"属性管理器

11）确认设置。单击"投影曲线"属性管理器中的"确定"按钮✔，生成所需要的投影曲线。投影曲线及其 FeatureManager 设计树如图 6-17 所示。

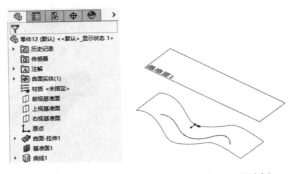

图 6-17　投影曲线及其 FeatureManager 设计树

【例 6-4】利用两个相交基准面上的曲线投影得到曲线，如图 6-18 所示。

1）新建零件图。在两个相交的基准面上各绘制一个草图（这两个草图轮廓所隐含的拉伸曲面必须相交才能生成投影曲线）。完成后关闭每个草图。

2）按住 Ctrl 键选取这两个草图。

3）单击"特征"选项卡中的"曲线"下拉列表"投影曲线"按钮，或在菜单栏中选择"插入"→"曲线"→"投影曲线"命令，或单击"曲线"工具栏中的"投影曲线"按钮。如果曲线工具栏没有打开，可以选择"视图"→"工具栏"→"曲线"命令将其打开。

4）在"投影曲线"属性管理器中的显示框中显示要投影的两个草图名称，同时在图形区域中显示所得到的投影曲线，如图 6-19 所示。

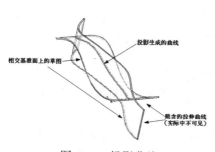

图 6-18　投影曲线

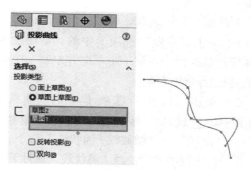

图 6-19　"投影曲线"属性管理器

5）单击"确定"按钮，生成投影曲线。投影曲线在特征管理器设计树中以按钮表示。

 注意：

如果在执行投影曲线命令之前选择了生成投影曲线的草图选项，则在执行投影曲线命令后，在"投影曲线"属性管理器中会自动选择合适的投影类型。

6.2.2　组合曲线

【例 6-5】将多段相互连接的曲线或模型边线组合成为一条曲线。

1）打开随书电子资料中 / 源文件 / 第 6 章 / 例 6-5-1 文件。

2）单击"特征"选项卡中的"曲线"下拉列表"组合曲线"按钮，或在菜单栏中选择"插入"→"曲线"→"组合曲线"命令。

3）在图形区域中选择要组合的曲线、直线或模型边线（这些线段必须连续），则所选项目在"组合曲线"属性管理器中的"要连接的实体"栏中的显示框中显示出来，如图 6-20 所示。

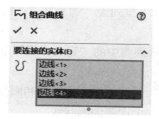

图 6-20　"组合曲线"属性管理器

4）单击"确定"按钮 ✔，生成组合曲线。

 注意：

生成组合曲线时，所选择的曲线必须是连续的，因为所选择的曲线要生成一条曲线，而且生成的组合曲线可以是开环的，也可以是闭合的。

6.2.3 螺旋线和涡状线

螺旋线和涡状线通常用在绘制螺纹、弹簧、发条等零部件中。图 6-21 所示为这两种曲线的状态。

要生成一条螺旋线，可做如下操作：

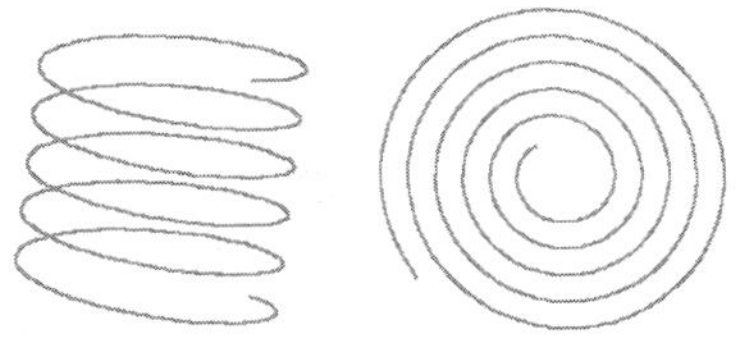

1）单击"草图"选项卡中的"草图绘制"按钮 ，选择任意基准面，新建一个草图并绘制一个圆。此圆的直径控制螺旋线的直径。

2）单击"特征"选项卡中的"曲线"下拉列表"螺旋线 / 涡状线"按钮 ，或在菜单栏中选择"插入"→"曲线"→"螺旋线 / 涡状线"命令。

图 6-21　螺旋线（左）和涡状线（右）

3）在出现的"螺旋线 / 涡状线"属性管理器（见图 6-22）中的"定义方式"下拉列表中选择一种螺旋线的定义方式。

- ➢ 螺距和圈数：指定螺距和圈数。
- ➢ 高度和圈数：指定螺旋线的总高度和圈数。
- ➢ 高度和螺距：指定螺旋线的总高度和螺距。
- ➢ 涡状线：生成由螺距和圈数所定义的涡状线。

4）根据步骤 3）中指定的螺旋线定义方式指定螺旋线的参数。

5）如果要制作锥形螺旋线，则勾选"锥形螺纹线"复选框，并指定锥形角度以及锥度方向（向外扩张或向内扩张）。

6）在"起始角度"微调框中指定第一圈螺旋线的起始角度。

7）如果勾选"反向"复选框，则螺旋线将由原来的点向另一个方向延伸。

8）单击"顺时针"或"逆时针"单选按钮，以决定螺旋线的旋转方向。

9）单击"确定"按钮 ✔，生成螺旋线。

要生成一条涡状线，可做如下操作：

1）单击"草图"选项卡中的"草图绘制"按钮 ，选择任意基准面，新建一个草图并绘制一个圆。此圆的直径作为起点处涡状线的直径。

2）单击"特征"选项卡中的"曲线"下拉列表"螺旋线 / 涡状线"按钮 ，或选择"插入"→"曲线"→"螺旋线 / 涡状线"命令。

3）在出现的"螺旋线 / 涡状线"属性管理器中的"定义方式"下拉列表中选择"涡状线"，如图 6-23 所示。

4）在对应的"螺距"微调框和"圈数"微调框中指定螺距和圈数。

5）如果勾选"反向"复选框，则生成一个内张的涡状线。

6）在"起始角度"微调框中指定涡状线的起始位置。

图 6-22 "螺旋线 / 涡状线" 属性管理器　　　　图 6-23 定义涡状线

7）单击"顺时针"或"逆时针"单选按钮，以决定涡状线的旋转方向。

8）单击"确定"按钮 ✓，生成涡状线。

6.2.4 通过参考点的曲线

通过参考点的曲线是指生成一个或者多个平面上通过参考点的曲线。

【例 6-6】生成通过图 6-24 中的参考点的曲线。

1）打开随书电子资料中源文件 / 第 6 章 / 例 6-7-1 文件。

2）执行通过参考点的曲线命令。单击"特征"选项卡中的"曲线"下拉列表"通过参考点的曲线"按钮，或选择菜单栏中的"插入"→"曲线"→"通过参考点的曲线"命令。

3）设置属性管理器。在该属性管理器中的"通过点"栏下的显示框中显示图 6-24 中的点，其他设置如图 6-25 所示。

4）确认设置。单击该属性管理器中的"确定"按钮 ✓，生成通过参考点的曲线。生成曲线后的图形如图 6-26 所示。

图 6-24 待生成曲线的图　　图 6-25 "通过参考点的曲线"属性管理器　　图 6-26 生成曲线后的图形

在生成通过参考点的曲线时，系统默认生成的为开环曲线，如图 6-27 所示。如果勾选"通过参考点的曲线"属性管理器中的"闭环曲线"复选框，则执行命令后会自动生成闭环曲线，如图 6-28 所示。

图 6-27　通过参考点的开环曲线　　　　图 6-28　通过参考点的闭环曲线

6.2.5　通过 XYZ 点的曲线

通过 XYZ 点的曲线是指生成通过用户定义的点的样条曲线。在 SOLIDWORKS 中既可以自定义样条曲线通过的点，也可以利用点坐标文件生成样条曲线。

【例 6-7】生成通过 XYZ 点的曲线。

1）新建零件图，执行通过 XYZ 点的曲线命令。单击"特征"选项卡"曲线"下拉列表中的"通过 XYZ 的曲线"按钮 ℧，或在菜单栏中选择"插入"→"曲线"→"通过 XYZ 点的曲线"命令，弹出"曲线文件"对话框，如图 6-29 所示。

2）输入坐标值。双击 X、Y 和 Z 坐标列各单元格，并在每个单元格中输入一个点坐标。

3）增加一个新行。在最后一行的单元格中双击时，系统会自动增加一个新行。

4）插入一个新行。如果要在一行的上面插入一个新行，只要单击该行，然后单击"曲线文件"对话框中的"插入"按钮即可。

5）删除行。如果要删除某一行的坐标，单击该行，然后按 Delete 键即可。

6）保存曲线文件。设置好的曲线文件可以保存下来，单击"曲线文件"对话框中的"保存"或者"另存为"按钮，系统弹出如图 6-30 所示的"另存为"对话框，选择合适的路径，输入文件名称，然后单击"保存"按钮即可。

图 6-29　"曲线文件"对话框　　　　　图 6-30　"另存为"对话框

7）生成曲线。图 6-31 所示为一个设置好的"曲线文件"对话框，然后单击对话框中的"确定"按钮，即可生成需要的曲线。

保存曲线文件时，SOLIDWORKS 默认的文件扩展名为 *.sldcrv，如果没有指定扩展名，SOLIDWORKS 应用程序会自动添加扩展名 .sldcrv。

在 SOLIDWORKS 中，除了可以在"曲线文件"对话框中输入坐标来定义曲线外，还可以通过文本编辑器、Excel 等应用程序生成坐标文件，将其保存为 *.txt 文件，然后导入系统即可。

图 6-31　设置好的"曲线文件"对话框

 注意：

在使用文本编辑器、Excel 等应用程序生成坐标文件时，文件中必须只包含坐标数据，而不能是 X、Y 或 Z 的标号及其他无关数据。

【例 6-8】通过导入坐标文件生成曲线。

1）新建零件图，执行通过 XYZ 点的曲线命令。单击"特征"选项卡"曲线"下拉列表中的"通过 XYZ 的曲线"按钮 ℐ，或在菜单栏中选择"插入"→"曲线"→"通过 XYZ 点的曲线"命令。

2）查找坐标文件。单击"曲线文件"对话框中的"浏览"按钮，此时系统弹出"打开"对话框，查找需要输入的文件名称，如图 6-32 所示，然后单击"打开"按钮。

图 6-32　"打开"对话框

3）编辑坐标。插入文件后，文件名称显示在"曲线文件"对话框中，并且在视图区域中可以预览显示效果，如图 6-33 所示。双击其中的坐标可以修改坐标值，直到满意为止。

4）生成的曲线。单击"曲线文件"对话框中的"确定"按钮，生成需要的曲线。

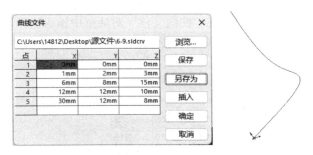

图 6-33 插入的文件及其预览效果

6.3 生成曲面

曲面是一种可用来生成实体特征的几何体，如单一曲面，圆角曲面等。一个零件中可以有多个曲面实体。

SOLIDWORKS 2024 提供了专门的曲面选项卡，如图 6-34 所示，用来控制曲面的生成和修改，要打开或关闭曲面选项卡，只要在选项卡任意位置右击，在弹出的快捷菜单中选择"选项卡"下拉列表中"曲面"命令即可。

图 6-34 曲面选项卡

SOLIDWORKS 提供了多种方式来生成曲面，主要有以下几种：

➢ 由草图拉伸、旋转、扫描或者放样生成曲面。

➢ 由现有面或者曲面生成等距曲面。

➢ 从其他应用程序输入曲面文件，如 CATIA、ACIS、Pro/ENGINEER、Unigraphics、SolidEdge、Autodesk Inventor 等。

➢ 由多个曲面组合成新的曲面。

6.3.1 拉伸曲面

【例 6-9】生成拉伸曲面。

1）新建零件图，设置基准面。在 FeatureManager 设计树中选择"前视基准面"作为绘制图形的基准面。单击"草图"选项卡中的"草图绘制"按钮，打开一个草图并绘制曲面轮廓。

2）单击"曲面"选项卡中的"拉伸曲面"按钮，或在菜单栏中选择"插入"→"曲面"→"拉伸曲面"命令。

3）此时出现"曲面 - 拉伸"属性管理器，如图 6-35 所示。

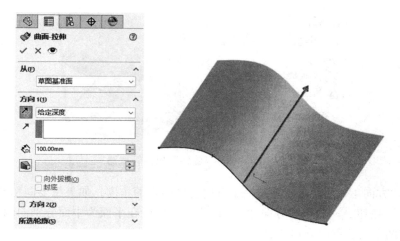

图 6-35　"曲面 - 拉伸"属性管理器

4）在"方向 1"栏中的终止条件下拉列表中选择拉伸的终止条件：

➢ 给定深度：从草图的基准面拉伸特征到指定的距离平移处以生成特征。

➢ 成形到顶点：从草图基准面拉伸特征到模型的一个顶点所在的平面以生成特征。这个平面平行于草图基准面且穿越指定的顶点。

➢ 成形到面：从草图的基准面拉伸特征到所选的曲面以生成特征。

➢ 到离指定面指定的距离：从草图的基准面拉伸特征到距某面或曲面特定距离处以生成特征。

➢ 成形到实体：从草图基准面拉伸特征到指定实体处。

➢ 两侧对称：从草图基准面向两个方向对称拉伸特征。

5）在右面的图形区域中检查预览。单击"反向"按钮 ⤢，可向另一个方向拉伸。

6）在 ⬙ 微调框中设置拉伸的深度。

7）如果有必要，可以勾选"方向 2"复选框，将拉伸应用到第二个方向。

8）单击"确定"按钮 ✓，完成拉伸曲面的生成。

6.3.2　旋转曲面

【例 6-10】生成旋转曲面。

1）新建零件。设置基准面。在 FeatureManager 设计树中选择"前视基准面"作为绘制图形的基准面。单击"草图"选项卡中的"草图绘制"按钮 ▭，打开一个草图并绘制曲面轮廓以及它将绕着旋转的中心线。

2）单击"曲面"选项卡中的"旋转曲面"按钮 ⬀，或在菜单栏中选择"插入"→"曲面"→"旋转曲面"命令。

3）此时出现"曲面 - 旋转"属性管理器，同时在右面的图形区域中显示生成的旋转曲面，如图 6-36 所示。

图 6-36 "曲面 - 旋转"属性管理器

4）选择"方向 1"可以使草图向一个方向旋转指定的角度，如果想要向相反的方向旋转，则单击"反向"按钮⟲。勾选"方向 2"可以使草图以所在平面为中面分别向两个方向旋转指定的角度，这两个角度可以分别指定。

5）在⟳微调框中指定旋转角度。

6）单击"确定"按钮✔，生成旋转曲面。

注意：

生成旋转曲面时，绘制的样条曲线可以和中心线交叉，但是不能穿越。

6.3.3 扫描曲面

扫描曲面的方法同扫描特征的生成方法十分相似，也可以通过引导线扫描。在扫描曲面中最重要的一点，就是引导线的端点必须贯穿轮廓图元。通常必须产生一个几何关系，强迫引导线贯穿轮廓曲线。

【例 6-11】生成扫描曲面。

1）根据需要建立基准面，并绘制扫描轮廓和扫描路径。如果需要沿引导线扫描曲面，还要绘制引导线。另外，需要在引导线与轮廓之间建立重合或穿透几何关系。

2）单击"曲面"选项卡中的"扫描曲面"按钮🐛，或在菜单栏中选择"插入"→"曲面"→"扫描"命令。

3）在"曲面 - 扫描"属性管理器中，单击"轮廓"栏 C⁰ 图标，然后在图形区域中选择轮廓草图，则所选草图出现在该框中。

4）单击"路径"栏 C⁰，然后在图形区域中选择路径草图，则所选路径草图出现在该框中。此时，在图形区域中可以预览扫描曲面的效果，如图 6-37 所示。

5）在"轮廓方位"下拉列表中，选择以下选项：

➢ ［随路径变化］：草图轮廓随着路径的变化变换方向，其法线与路径相切。

➢ ［保持法线不变］：草图轮廓保持法线方向不变。

6）在"轮廓扭转"下拉列表中选择以下选项：

➢ 无：（仅限于 2D 路径）将轮廓的法线方向与路径对齐。

➢ 指定扭转值：沿路径定义轮廓扭转。

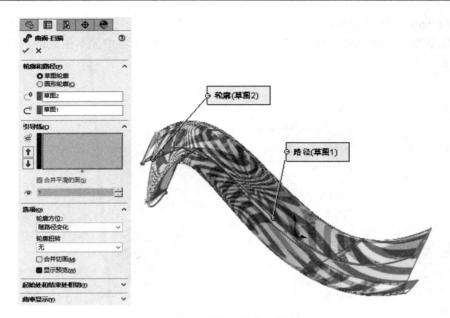

图 6-37　预览扫描曲面效果

> 指定方向向量：选择一基准面、平面、直线、边线、圆柱、轴、特征上顶点组等来设定方向向量。
> 与相邻面相切：使相邻面在轮廓上相切。
> 随路径和第一引导线变化：如果引导线不只一条，选择该项将使扫描随第一条引导线变化。
> 随第一和第二引导线变化：如果引导线不只一条，选择该项将使扫描随第一条和第二条引导线同时变化。

7）如果需要沿引导线扫描曲面，则激活"引导线"栏，然后在图形区域中选择引导线。

8）单击"确定"按钮✔，生成扫描曲面。

 注意：

在使用引导线扫描曲面时，引导线必须贯穿轮廓草图，通常需要在引导线和轮廓草图之间建立重合和穿透几何关系。

6.3.4　放样曲面

放样曲面是通过曲线之间进行过渡而生成曲面的方法。

【例 6-12】生成放样曲面。

1）在一个基准面上绘制放样的轮廓。

2）建立另一个基准面，并在上面绘制另一个放样轮廓。这两个基准面不一定平行。

3）如果有必要，还可以生成引导线来控制放样曲面的形状。

4）单击"曲面"选项卡中的"放样曲面"按钮，或在菜单栏中选择"插入"→"曲面"→"放样曲面"命令。

5）在"曲面 - 放样"属性管理器中单击❄图标右侧的显示框，然后在图形区域中按顺序选择轮廓草图，则所选草图出现在该框中，在右面的图形区域中显示生成的放样曲面，如图 6-38 所示。

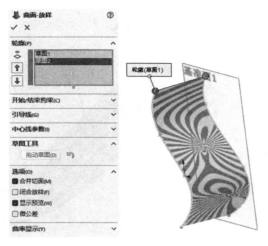

图 6-38 "曲面 – 放样"属性管理器

6）单击"上移"按钮⬆或"下移"按钮⬇来改变轮廓的顺序。此项操作只针对两个轮廓以上的放样特征。

7）如果要在放样的开始和结束处控制相切，则需要设置"开始 / 结束约束"选项。

➢ 无：不应用相切。

➢ 垂直于轮廓：放样在起始和终止处与轮廓的草图基准面垂直。

➢ 方向向量：放样与所选的边线或轴相切，或与所选基准面的法线相切。

8）如果要使用引导线控制放样曲面，可在"引导线"栏中单击❄图标右侧的显示框，然后在图形区域中选择引导线。

9）单击"确定"按钮✔，生成放样曲面。

 注意：

1）放样曲面时，轮廓曲线的基准面不一定要平行。

2）放样曲面时，可以应用引导线控制放样曲面的形状，如图 6-39 所示。

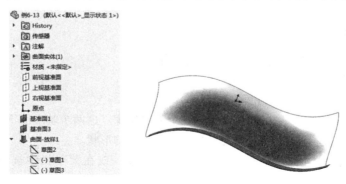

图 6-39 放样曲面后的图形及其 FeatureManager 设计树

6.3.5 等距曲面

对于已经存在的曲面（不论是模型的轮廓面还是生成的曲面），都可以像等距曲线一样生成等距曲面。

【例 6-13】生成等距曲面。

1）打开随书电子资料中源文件 / 第 6 章 /6-13-1 文件。

2）单击"曲面"选项卡中的"等距曲面"按钮🐢，或在菜单栏中选择"插入"→"曲面"→"等距曲面"命令。

3）在"等距曲面"属性管理器中，单击◆按钮右侧的显示框，然后在右面的图形区域选择要等距的模型面或生成的曲面。

4）在"等距参数"栏的微调框中指定等距面之间的距离。此时在右面的图形区域中显示等距曲面的效果，如图 6-40 所示。

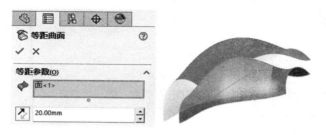

图 6-40　等距曲面效果

5）如果等距面的方向有误，可单击"反向"按钮，反转等距方向。

6）单击"确定"按钮✔，完成等距曲面的生成。

6.3.6 延展曲面

可以通过延展分割线、边线，并平行于所选基准面来生成曲面，如图 6-41 所示。延展曲面在拆模时最常用。在零件进行模塑，产生凸、凹模之前，必须先生成模块与分型面，延展曲面就是用来生成分型面的。

【例 6-14】生成延展曲面。

1）打开随书电子资料中源文件 / 第 6 章 /6-14-1 文件。

2）选择菜单栏中的"插入"→"曲面"→"延展曲面"命令。

3）在"延展曲面"属性管理器中，单击➡按钮右侧的显示框，然后在右面的图形区域中选择要延展的边线。

4）单击"延展参数"栏中的第一个显示框，然后在图形区域中选择模型面作为延展曲面方向，如图 6-42 所示。延展方向将平行于模型面。

5）注意图形区域中的箭头方向（指示延展方向），如果有错误，可单击"反向"按钮，反转延展方向。

6）在图标右侧的微调框中指定曲面的宽度。

7）如果希望曲面继续沿零件的切面延伸，可勾选"沿切面延伸"复选框。

8）单击"确定"按钮✔，完成曲面的延展。

图 6-41　延展曲面效果

图 6-42　延展曲面

6.4　编辑曲面

6.4.1　缝合曲面

缝合曲面是将相连的两个或多个面和曲面连接成一体。

缝合曲面的注意事项如下：

1）曲面的边线必须相邻并且不重叠。

2）要缝合的曲面不必处于同一基准面上。

3）可以选择整个曲面实体或选择一个或多个相邻曲面实体。

4）缝合曲面不吸收用于生成它们的曲面。

5）空间曲面经过剪裁、拉伸和圆角等操作后，可以自动缝合，而不需要进行缝合曲面操作。

【例 6-15】将多个曲面缝合为一个曲面。

1）打开随书电子资料中源文件 / 第 6 章 /6-15-1 文件。

2）单击"曲面"选项卡中的"缝合曲面"按钮 ⛁ ，或选择菜单栏中的"插入"→"曲面"→"缝合曲面"命令，此时会出现如图 6-43 所示的属性管理器。在"缝合曲面"属性管理器中单击"选择"栏中 ⬅ 图标右侧的显示框，然后在图形区域中选择要缝合的面，所选项目列举在该显示框中。

3）单击"确定"按钮 ✔ ，完成曲面的缝合工作。缝合后的曲面外观没有任何变化，但是多个曲面可以作为一个实体来选择和操作，如图 6-44 所示。

注意：

1）曲面的边线必须相邻并且不重叠。

2）曲面不必处于同一基准面上。

3）缝合的曲面实体可以是一个或多个相邻曲面实体。

4）缝合曲面不吸收用于生成它们的曲面。

5）在缝合曲面形成一闭合体积或保留为曲面实体时生成一实体。

图 6-43　"缝合曲面"属性管理器

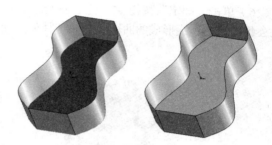

图 6-44　曲面缝合工作

6）在使用基面选项缝合曲面时，必须使用延展曲面。

7）曲面缝合前后，曲面和面的外观没有任何变化。

6.4.2　延伸曲面

延伸曲面可以在现有曲面的边缘，沿着切线方向，以直线或随曲面的弧度产生附加的曲面。

【例 6-16】生成延伸曲面。

1）打开随书电子资料中源文件 / 第 6 章 /6-16-1 文件。

2）单击"曲面"选项卡中的"延伸曲面"按钮 ，或在菜单栏中选择"插入"→"曲面"→"延伸曲面"命令。

3）在"延伸曲面"属性管理器中单击"延伸的边线 / 面"栏中的第一个显示框，然后在右面的图形区域中选择曲面边线或曲面。此时被选项目出现在该显示框中，如图 6-45 所示。

图 6-45　"延伸曲面"属性管理器

4）在"终止条件"栏中的单选按钮组中选择一种延伸结束条件。

➢ 距离：在 🔲 微调框中指定延伸曲面的距离。

➢ 成形到某一点：延伸曲面到图形区域中选择的某一点。

➢ 成形到某一面：延伸曲面到图形区域中选择的某一面。

5）在"延伸类型"栏的单选按钮组中选择延伸类型。

➢ 同一曲面：沿曲面的几何体延伸曲面，如图 6-46a 所示。

➢ 线性：沿边线相切于原来曲面来延伸曲面，如图 6-46b 所示。

6）单击"确定"按钮 ✔，完成曲面的延伸。如果在步骤 2）中选择的是曲面的边线，则系统会延伸这些边线形成的曲面；如果选择的是曲面，则曲面上所有的边线相等地延伸整个曲面。

a）延伸类型为"同一曲面"   b）延伸类型为"线性"

图 6-46   延伸类型

6.4.3 剪裁曲面

剪裁曲面主要有将两个曲面互相剪裁和以线性图元修剪曲面两种方式。

【例 6-17】生成剪裁曲面。

1）打开随书电子资料中源文件 / 第 6 章 /6-17-1 文件。

2）单击"曲面"选项卡中的"剪裁曲面"按钮 🔗，或在菜单栏中选择"插入"→"曲面"→"剪裁"命令。

3）在"剪裁曲面"属性管理器中的"剪裁类型"单选按钮组中选择剪裁类型：

➢ 标准：使用曲面作为剪裁工具，在曲面相交处剪裁其他曲面。

➢ 相互：将两个曲面作为互相剪裁的工具。

4）如果在步骤 3）中选择了"标准"，则在"选择"栏中单击"剪裁工具"项目中 🔷 图标右侧的显示框，然后在图形区域中选择一个曲面作为剪裁工具；单击"保留部分"项目中 🔷 图标右侧的显示框，然后在图形区域中选择曲面作为保留部分，所选项目会在对应的显示框中显示，如图 6-47 所示。

5）如果在步骤 3）中选择了"相互"，则在"选择"栏中单击"剪裁曲面"项目中 🔷 图标右侧的显示框，然后在图形区域中选择作为剪裁曲面的至少两个相交曲面；单击"保留部分"项目中 🔷 图标右侧的显示框，然后在图形区域中选择需要的区域作为保留部分（可以是多个部分），所选项目会在对应的显示框中显示，如图 6-48 所示。

6）单击"确定"按钮 ✔，完成曲面的剪裁，如图 6-49 所示。

图 6-47 "剪裁曲面"属性管理器 1

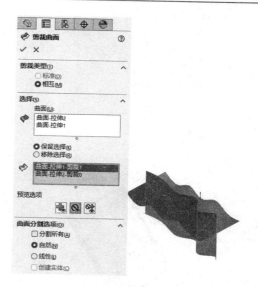

图 6-48 "剪裁曲面"属性管理器 2

图 6-49 剪裁效果

6.4.4 填充曲面

填充曲面是指在现有模型边线、草图或者曲线定义的边界内构成带任何边数的曲面修补。

【例 6-18】以图 6-50 所示的图形为例，说明填充曲面的操作步骤。

1）打开随书电子资料中源文件 / 第 6 章 /6-18-1 文件。

2）执行填充曲面命令。在菜单栏中选择"插入"→"曲面"→"填充曲面"命令，或者单击"曲面"选项卡中的"填充曲面"按钮 ◈ ，此时系统弹出"填充曲面"属性管理器。

3）设置属性管理器。在"填充曲面"属性管理器的"修补边界"栏中依次选择图 6-50 中的边线 1、边线 2、边线 3 和边线 4，其他设置如图 6-51 所示。

4）确认填充曲面。单击属性管理器中的"确定"按钮 ✔ ，生成填充曲面。

填充曲面后的图形及其 FeatureManager 设计树如图 6-52 所示。

 注意：

使用边线进行曲面填充时，所选择的边线必须是封闭的曲线。如果勾选属性管理器中的"合并结果"复选框，则填充的曲面将和边线的曲面组成一个实体，否则填充的曲面为一个独立的曲面。

图 6-50　待填充曲面的图形　　　　　图 6-51　"填充曲面"属性管理器

图 6-52　填充曲面后的图形及其 FeatureManager 设计树

6.4.5　替换面

　　替换面是指以新曲面实体来替换曲面或者实体中的面。替换曲面实体不必与旧的面具有相同的边界。在替换面时，原来实体中的相邻面自动延伸并剪裁到替换曲面实体。

　　在上面的几种情况中，比较常用的是用一个曲面实体替换另一个曲面实体中的一个面。

　　【例 6-19】以图 6-53 所示的图形为例，说明该替换面的操作步骤。

　　1）打开随书电子资料中源文件 / 第 6 章 /6-19-1 文件。

　　2）执行替换面命令。在菜单栏中选择"插入"→"面"→"替换"命令，或者单击"曲面"选项卡中的"替换面"按钮 🖢，此时系统弹出"替换面"属性管理器。

3）设置属性管理器。在"替换面"属性管理器的"替换的目标面"栏中选择图 6-53 中的面 2，在"替换曲面"栏中选择图 6-53 中的曲面 1，此时属性管理器如图 6-54 所示。

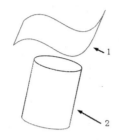

图 6-53　待生成替换面的图形

图 6-54　"替换面"属性管理器

4）确认替换面。单击属性管理器中的"确定"按钮 ✔，生成替换面，结果如图 6-55 所示。

5）隐藏替换的目标面。右击图 6-55 中的曲面 1，在系统弹出的快捷菜单中选择"隐藏"选项，如图 6-56 所示。

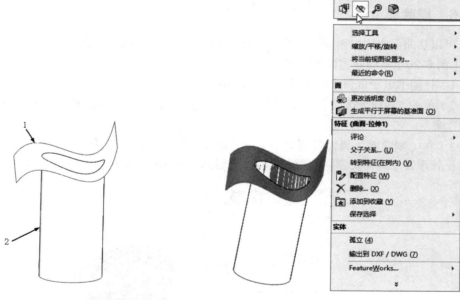

图 6-55　生成的替换面

图 6-56　右键快捷菜单

隐藏目标面后的图形及其 FeatureManager 设计树如图 6-57 所示。

在替换面中，替换的面有两个特点：一是必须相连，二是不必相切。替换曲面实体可以是以下几种类型之一：

1）可以是任何类型的曲面特征，如拉伸、放样等。

2）可以是缝合曲面实体或者复杂的输入曲面实体。

3）通常比正替换的面要宽和长。然而，在某些情况下，当替换曲面实体比要替换的面要小的时候，替换曲面实体会自动延伸以与相邻面相遇。

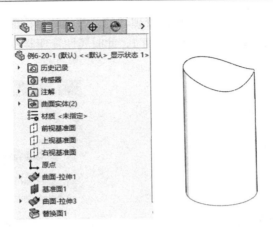

图 6-57　隐藏目标面后的图形及其 FeatureManager 设计树

 注意：

确认替换曲面实体比正替换的面要宽和长。

6.4.6　删除面

可以从曲面实体中删除一个面，并能对实体中的面进行删除和自动修补。

【例 6-20】从曲面实体中删除一个曲面。

1）打随书电子资料中源文件 / 第 6 章 /6-20-1 文件。

2）单击"曲面"选项卡中的"删除面"按钮，或在菜单栏中选择"插入"→"面"→"删除面"命令。

3）在"删除面"属性管理器中单击"选择"栏中 按钮右侧的显示框，然后在图形区域或特征管理器中选择要删除的面。此时，要删除的曲面在该显示框中显示，如图 6-58 所示。

图 6-58　"删除面"属性管理器

4）如果勾选"删除"单选按钮，将删除所选曲面；如果勾选"删除并修补"单选按钮，则在删除曲面的同时，对删除曲面后的曲面进行自动修补；如果勾选"删除并填补"单选按钮，则在删除曲面的同时，对删除曲面后的曲面进行自动填充。

5）单击"确定"按钮，完成曲面的删除。

6.4.7 移动 / 复制 / 旋转曲面

可以像对拉伸特征、旋转特征那样对曲面特征进行移动、复制、旋转等操作。

【例 6-21】生成移动 / 复制曲面。

1）打开随书电子资料中源文件 / 第 6 章 /6-21-1 文件。

2）在菜单栏中选择"插入"→"曲面"→"移动 / 复制"命令。

3）单击"移动 / 复制实体"属性管理器最下面的"平移 / 旋转"按钮，切换到"平移 / 旋转"模式。

4）在"移动 / 复制实体"属性管理器中单击"要移动 / 复制的实体"栏中 🔩 按钮右侧的显示框，然后在图形区域或特征管理器设计树中选择要移动 / 复制的实体。

5）如果要复制曲面，则勾选"复制"复选框，然后在 🔩 微调框中指定复制的数目。

6）单击"平移"栏中 🔲 按钮右侧的显示框，然后在图形区域中选择一条边线来定义平移方向，或者在图形区域中选择两个顶点来定义曲面移动或复制体之间的方向和距离 0.00mm。

7）也可以在 🔼、🔼、🔼 微调框中指定移动的距离或复制体之间的距离。此时，在右面的图形区域中可以预览曲面移动或复制的效果，如图 6-59 所示。

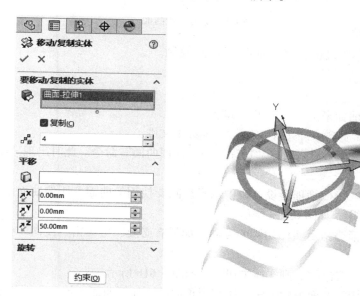

图 6-59 "移动 / 复制实体"属性管理器

8）单击"确定"按钮 ✔，完成曲面的移动 / 复制。

此外还可以旋转 / 复制曲面，操作步骤如下：

1）在菜单栏中选择"插入"→"曲面"→"移动 / 复制"命令。

2）在"移动 / 复制实体"属性管理器中单击"要移动 / 复制的实体"栏中 🔩 按钮右侧的显示框，然后在图形区域或特征管理器设计树中选择要旋转 / 复制的曲面。

3）如果要复制曲面，则勾选"复制"复选框，然后在 🔩 微调框中指定复制的数目。

4）激活"旋转"选项，单击 🔲 按钮右侧的显示框，在图形区域中选择一条边线定义旋转方向。

5）或者在  微调框中指定原点在 X 轴、Y 轴、Z 轴方向移动的距离，然后在、、微调框中指定曲面绕 X、Y、Z 轴旋转的角度。此时，在右面的图形区域中可以预览曲面复制 / 旋转的效果，如图 6-60 所示。

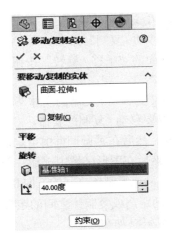

图 6-60　复制旋转曲面

6）单击"确定"按钮，完成曲面的旋转 / 复制。

6.4.8　曲面切除

【例 6-22】利用曲面来生成对实体的切除。

1）打开随书电子资料中源文件 / 第 6 章 /6-22-1 文件。

2）在菜单栏中选择"插入"→"切除"→"使用曲面"命令。此时出现"使用曲面切除"属性管理器。

3）在图形区域或特征管理器设计树中选择切除要使用的曲面，所选曲面出现在"曲面切除参数"栏的显示框中，如图 6-61a 所示。

4）图形区域中箭头指示实体切除的方向。如果有必要，可单击"反向"按钮，改变切除方向。

5）单击"确定"按钮，则实体被切除，如图 6-61b 所示。

6）除了这种常用的曲面编辑方法，还有圆角曲面、加厚曲面、填充曲面等多种编辑方法。它们的操作大多同特征的编辑类似。

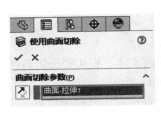

a）"使用曲面切除"属性管理器　　　　　　　　　　　　　　b）切除效果

图 6-61　曲面切除效果

6.5 综合实例——卫浴把手模型

绘制该模型的命令主要有旋转曲面、加厚、拉伸切除实体、添加基准面和圆角等。

本节绘制的卫浴把手模型如图 6-62 所示。卫浴把手模型由卫浴把手主体和手柄两部分组成。

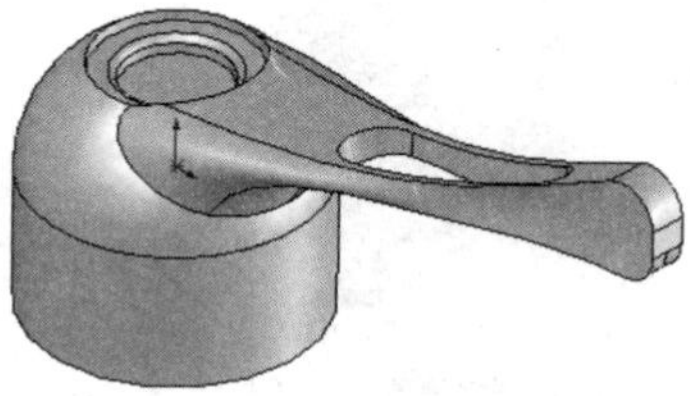

图 6-62 卫浴把手模型

绘制卫浴把手的流程如图 6-63 所示。

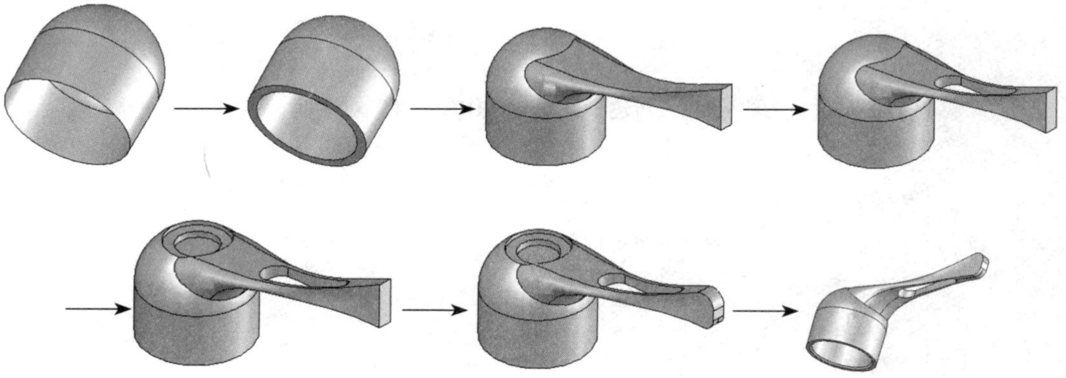

图 6-63 绘制卫浴把手的流程

1）启动软件。在菜单栏中选择“开始”→“所有应用”→“SOLIDWORKS 2024”命令，或者单击桌面按钮，启动 SOLIDWORKS 2024。

2）创建零件文件。在菜单栏中选择“文件”→“新建”命令，或者单击快速访问工具栏中的“新建”按钮，此时系统弹出如图 6-64 所示的“新建 SOLIDWORKS 文件”对话框，在其中选择“零件”图标，然后单击“确定”按钮，创建一个新的零件文件。

3）保存文件。在菜单栏中选择“文件”→“保存”命令，或者单击快速访问工具栏中的“新建”按钮，此时系统弹出如图 6-65 所示的“另存为”对话框。在“文件名”栏中输入“卫浴把手”，然后单击“保存”按钮，创建一个文件名为“卫浴把手”的零件文件。

4）绘制主体部分。设置基准面。在 FeatureManager 设计树中选择“前视基准面”，然后单击“视图（前导）”工具栏“定向视图”下拉列表中的“正视于”按钮，将该基准面作为绘制图形的基准面。

5）绘制草图。在菜单栏中选择“工具”→“草图绘制实体”→“中心线”命令，或者单击“草图”选项卡中的“中心线”按钮，绘制一条通过原点的竖直中心线，然后单击“草图”选项卡中的“直线”按钮和“圆”按钮，绘制如图 6-66 所示的草图。注意：绘制的直线与圆弧的左侧的点相切。

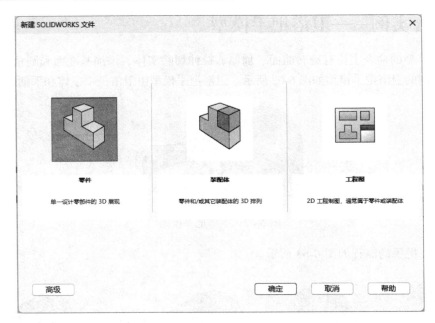

图 6-64 "新建 SOLIDWORKS 文件"对话框

图 6-65 "另存为"对话框

6）标注尺寸。在菜单栏中选择"工具"→"标注尺寸"→"智能尺寸"命令，或者单击"草图"选项卡中的"智能尺寸"按钮，标注步骤5）绘制的草图，结果如图 6-67 所示。

7）剪裁草图实体。在菜单栏中选择"工具"→"草图绘制工具"→"剪裁"命令，或者单击"草图"选项卡中的"剪裁实体"按钮，此时系统弹出如图 6-68 所示的"剪裁"属性管理器。单击"剪裁到最近端"按钮，然后剪裁图 6-67 中的圆弧，结果如图 6-69 所示。

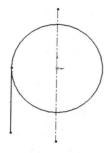

图 6-66　绘制草图

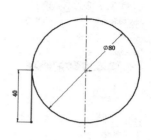

图 6-67　标注草图

图 6-68　"剪裁"属性管理器

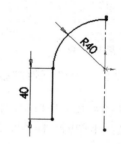

图 6-69　剪裁草图后的图形

8）旋转曲面。在菜单栏中选择"插入"→"曲面"→"旋转曲面"命令，或者单击"曲面"选项卡中的"旋转曲面"按钮 ，此时系统弹出如图 6-70 所示的"曲面 - 旋转"属性管理器。在"旋转轴"栏中选择图 6-69 中的竖直中心线，其他设置如图 6-70 所示。单击属性管理器中的"确定"按钮 ✔，完成曲面旋转。

9）设置视图方向。按住鼠标中键，拖动光标旋转视图，将视图以合适的方向显示，结果如图 6-71 所示。

10）加厚曲面实体。在菜单栏中选择"插入"→"凸台 / 基体"→"加厚"命令，此时系统弹出如图 6-72 所示的"加厚"属性管理器。在"要加厚的曲面"栏中选择 FeatureManager 设计树中的"曲面 - 旋转 1"，即步骤 8）旋转生成的曲面实体；在"厚度"栏中的 输入 6mm，其他设置参考图 6-72 所示的属性管理器。单击属性管理器中的"确定"按钮 ✔，将曲面实体加厚，结果如图 6-73 所示。

11）绘制手柄。设置基准面。在 FeatureManager 设计树中选择"前视基准面"，然后单击"视图（前导）"工具栏"视图定向"下拉列表中的"正视于"按钮 ，将该基准面作为绘制图形的基准面。

图 6-70　"曲面 - 旋转"属性管理器

图 6-71　旋转曲面后的图形

图 6-72　"加厚"属性管理器

图 6-73　加厚实体后的图形

12）绘制草图。在菜单栏中选择"工具"→"草图绘制实体"→"样条曲线"命令，或者单击"草图"选项卡中的"样条曲线"按钮 N，绘制如图 6-74 所示的草图并标注尺寸，然后退出草图绘制状态。

13）设置基准面。在 FeatureManager 设计树中选择"前视基准面"，然后单击"视图（前导）"工具栏"视图定向"下拉列表中的"正视于"按钮 ⬆，将该基准面作为绘制图形的基准面。

14）绘制草图。单击"草图"选项卡中的"样条曲线"按钮 N，绘制如图 6-75 所示的草图并标注尺寸，然后退出草图绘制状态。

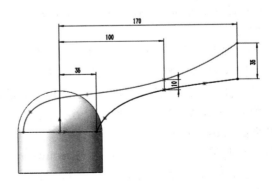

图 6-75　绘制草图

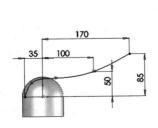

图 6-74　绘制草图

![注意图标]注意：

虽然上面绘制的两个草图在同一基准面上，但是不能一步操作完成，即绘制在同一草图内，因为绘制的两个草图分别作为下面放样实体的两条引导线。

15）设置基准面。在 FeatureManager 设计树中选择"上视基准面"，然后单击"视图（前导）"工具栏"视图定向"下拉列表中的"正视于"按钮⊥，将该基准面作为绘制图形的基准面。

16）绘制草图。单击"草图"选项卡中的"圆"按钮⊙，以原点为圆心绘制直径为 70 的圆，结果如图 6-76 所示，然后退出草图绘制状态。

17）添加基准面。在菜单栏中选择"插入"→"参考几何体"→"基准面"命令，或者单击"特征"选项卡中的"基准面"按钮▦，此时系统弹出如图 6-77 所示的"基准面"属性管理器。在该属性管理器的"选择"栏中选择 FeatureManager 设计树中的"右视基准面"；在"偏移距离"栏中的▦输入 100mm，注意添加基准面的方向。单击属性管理器中的"确定"按钮✓，添加一个基准面。

图 6-76　绘制草图	图 6-77　"基准面"属性管理器

18）设置视图方向。单击"视图（前导）"工具栏"视图定向"下拉列表中的"等轴测"按钮◧，将视图以等轴测方向显示，结果如图 6-78 所示。

19）设置基准面。在 FeatureManager 设计树中选择"基准面 1"，然后单击"视图（前导）"工具栏"定向视图"下拉列表中的"正视于"按钮⊥，将该基准面作为绘制图形的基准面。

20）绘制草图。在菜单栏中选择"工具"→"草图绘制实体"→"矩形"命令，或者单击"草图"选项卡中的"边角矩形"按钮▭，绘制如图 6-79 所示的草图并标注尺寸。

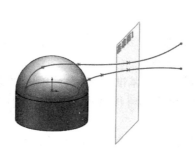

图 6-78　等轴测视图

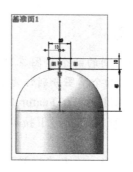

图 6-79　绘制草图

21）添加基准面。单击"特征"选项卡"参考几何体"下拉列表中的"基准面"按钮，此时系统弹出如图 6-80 所示的"基准面"属性管理器。在该属性管理器的"选择"栏中，选择 FeatureManager 设计树中"右视基准面"；在"偏移距离"栏中的输入 170mm，注意添加基准面的方向。单击属性管理器中的"确定"按钮，添加一个基准面。

22）设置视图方向。单击"视图（前导）"工具栏"视图定向"下拉列表中的"等轴测"按钮，将视图以等轴测方向显示，结果如图 6-81 所示。

图 6-80　"基准面"属性管理器

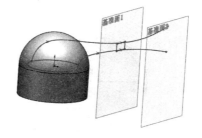

图 6-81　等轴测视图

23）设置基准面。在 FeatureManager 设计树中选择"基准面 2"，然后单击"视图（前导）"工具栏"视图定向"下拉列表中的"正视于"图标，将该基准面作为绘制图形的基准面。

24）绘制草图。单击"草图"选项卡中的"边角矩形"按钮，绘制草图并标注尺寸，结果如图 6-82 所示。

25）设置视图方向。单击"视图（前导）"工具栏"视图定向"下拉列表中的"等轴测"按钮，将视图以等轴测方向显示，结果如图 6-83 所示。

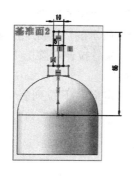

图 6-82　绘制草图

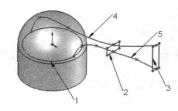

图 6-83　设置视图方向后的图形

26）放样实体。在菜单栏中选择"插入"→"凸台 / 基体"→"放样"命令，或者单击"特征"选项卡中的"放样凸台 / 基体"按钮 ，此时系统弹出如图 6-84 所示的"放样"属性管理器。在"轮廓"栏中依次选择图 6-83 中的草图 1、草图 2 和草图 3，在"引导线"栏中依次选择图 6-83 中的草图 4 和草图 5。单击属性管理器中的"确定"按钮 ，完成实体放样，结果如图 6-85 所示。

27）设置基准面。在 FeatureManager 设计树中选择"上视基准面"，然后单击"视图（前导）"工具栏"视图定向"下拉列表中的"正视于"按钮 ，将该基准面作为绘制图形的基准面。

28）绘制草图。单击"草图"选项卡中的"中心线"按钮 、"圆心 / 起点 / 终点画弧"按钮 和"直线"按钮 ，绘制如图 6-86 所示的草图并标注尺寸。

图 6-84　"放样"属性管理器

图 6-85　放样实体后的图形

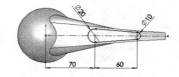

图 6-86　绘制的草图

29）拉伸切除实体。在菜单栏中选择"插入"→"切除"→"拉伸"命令，或者单击"特征"选项卡中的"拉伸切除"按钮，此时系统弹出如图 6-87 所示的"切除 - 拉伸"属性管理器。在"终止条件"栏的下拉菜单中选择"完全贯穿"选项，注意拉伸切除的方向。单击属性管理器中的"确定"按钮，完成拉伸切除实体。

30）设置视图方向。单击"视图（前导）"工具栏"视图定向"下拉列表中的"等轴测"按钮，将视图以等轴测方向显示，结果如图 6-88 所示。

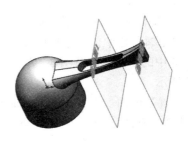

图 6-87 "切除 - 拉伸"属性管理器　　　　图 6-88 等轴测视图

31）编辑卫浴把手。添加基准面。单击"特征"选项卡"参考几何体"下拉列表中的"基准面"按钮，此时系统弹出如图 6-89 所示的"基准面"属性管理器。在该属性管理器的"选择"栏中选择 FeatureManager 设计树中的"上视基准面"；在"距离"栏中的输入 30mm，注意添加基准面的方向。单击属性管理器中的"确定"按钮，添加一个基准面，结果如图 6-90 所示。

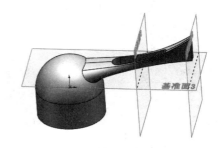

图 6-89 "基准面"属性管理器　　　　图 6-90 添加基准面后的图形

32）设置基准面。在 FeatureManager 设计树中选择"基准面 3"，然后单击"视图（前导）"工具栏"视图定向"下拉列表中的"正视于"按钮⬍，将该基准面作为绘制图形的基准面。

33）绘制草图。单击"草图"选项卡中的"圆"按钮⊙，以原点为圆心绘制直径为 45mm 的圆，结果如图 6-91 所示。

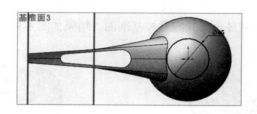

图 6-91　绘制草图

34）拉伸切除实体。单击"特征"选项卡中的"拉伸切除"按钮⬚，此时系统弹出如图 6-92 所示的"切除 - 拉伸"属性管理器。在"终止条件"栏的下拉列表选择"完全贯穿"选项，注意拉伸切除的方向。单击属性管理器中的"确定"按钮✔，完成拉伸切除实体。

35）设置视图方向。单击"视图（前导）"工具栏"视图定向"下拉列表中的"等轴测"按钮◈，将视图以等轴测方向显示，结果如图 6-93 所示。

图 6-92　"切除 - 拉伸"属性管理器　　　　图 6-93　拉伸切除后的图形

36）设置基准面。在 FeatureManager 设计树中选择"基准面 3"，然后单击"标准视图"工具栏"视图定向"下拉列表中的"正视于"按钮⬍，将该基准面作为绘制图形的基准面。

37）绘制草图。单击"草图"选项卡中的"圆"按钮⊙，以原点为圆心绘制直径为 30 的圆，结果如图 6-94 所示。

38）拉伸切除实体。单击"特征"选项卡中的"拉伸切除"按钮⬚，此时系统弹出"切除 - 拉伸"属性管理器。输入拉伸距离为 5mm。单击属性管理器中的"确定"按钮✔，完成拉伸切除实体。

注意:

进行拉伸切除实体时，一定要注意调节拉伸切除的方向，否则系统会提示所进行的切除不与模型相交，或者切除的实体与所需要的切除相反。

39）设置视图方向。单击"视图（前导）"工具栏"视图定向"下拉列表中的"等轴测"按钮 ，将视图以等轴测方向显示，并隐藏掉基准面，结果如图 6-95 所示。

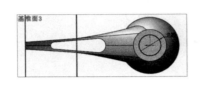

图 6-94　绘制的草图

图 6-95　设置视图方向后的图形

40）圆角实体。在菜单栏中选择"插入"→"特征"→"圆角"命令，或者单击"特征"选项卡中的"圆角"按钮 ，此时系统弹出如图 6-96 所示的"圆角"属性管理器。在"圆角类型"栏中选择"固定大小圆角"按钮 ；在"半径"栏中的 输入 10mm，在"边线、面、特征和环"栏中选择图 6-95 中的边线 1 和边线 2。单击属性管理器中的"确定"按钮 ，完成圆角实体，结果如图 6-97 所示。

图 6-96　"圆角"属性管理器

图 6-97　圆角实体后的图形

41）圆角实体。重复步骤 40），将图 6-95 中的边线 3 圆角为半径为 2mm 的圆角，结果如图 6-98 所示。

42）设置视图方向。按住鼠标中右键拖动，旋转视图，将视图以合适的方向显示，结果如图 6-99 所示。

图 6-98　圆角实体后的图形

图 6-99　设置视图方向后的图形

43）倒角实体。在菜单栏中选择"插入"→"特征"→"倒角"命令，或者单击"特征"选项卡中的"倒角"按钮◎，此时系统弹出如图 6-100 所示的"倒角"属性管理器。在"边线、面和环"栏中选择图 6-99 中的边线 1；选择"角度距离"按钮◢，在"距离"栏中输入 2mm；在"角度"栏中输入 45 度。单击属性管理器中的"确定"按钮✔，完成倒角实体，结果如图 6-101 所示。卫浴把手模型及其 FeatureManager 设计树如图 6-102 所示。

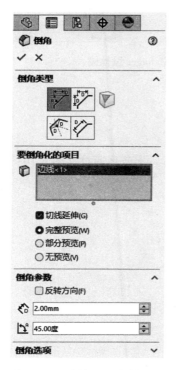

图 6-100　"倒角"属性管理器

图 6-101　倒角后的图形

图 6-102　卫浴把手模型及其 FeatureManager 设计树

6.6　上机操作

　　通过前面的学习，读者对本章知识已有了大致的了解。本节将通过如图 6-103 所示的水龙头练习使读者进一步掌握本章的知识要点。

图 6-103　水龙头

⚡ 操作提示：

　　1）放样。在右视平面绘制草图 1，在前视平面绘制草图 2，创建基准轴 1（上视平面和右视平面交线），创建倾斜基准面 1（过基准轴 1，与上视平面成 45°），在基准面 1 绘制草图 3；

创建平行基准面 2（平行于右视平面，偏移距离为 100mm），在前视平面绘制草图 4，如图 6-104 所示，选择 4 个草图平面放样，如图 6-105 所示。

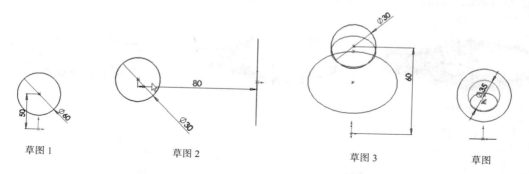

草图 1   草图 2   草图 3   草图

图 6-104   绘制草图

2）抽壳。抽壳厚度为 3mm，生成的特征如图 6-106 所示。

图 6-105   放样   图 6-106   抽壳

3）拉伸凸台。创建平行基准面 3（平行于上视平面，偏移距离 100mm）；在基准面 3 绘制草图，如图 6-107 左图所示；拉伸凸台至曲面，特征如图 6-107 右图所示。

草图   拉伸凸台

图 6-107   拉伸凸台 1

4）圆角特征。选择本体与拉伸凸台特征的交线，指定圆角半径为 15mm，如图 6-108 所示。

图 6-108   圆角

5）拉伸凸台。分别绘制各拉伸草图，即如图 6-109 所示的草图 1（拉伸 5mm）、草图 2（拉伸 5mm）、草图 3（拉伸 30mm，拔模角度 10°）、草图 4（拉伸 30mm）和草图 5（拉伸方向 1 和 2 为 20mm，拔模角 5°），特征如图 6-110 所示。

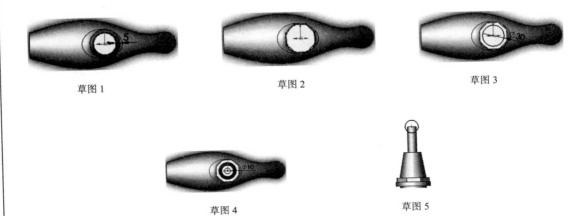

草图 1　　　　　　　　　　草图 2　　　　　　　　　草图 3

草图 4　　　　　　　　　　草图 5

图 6-109　拉伸凸台 2

图 6-110　拉伸凸台 3

6）圆角特征。将水龙头开关两侧面倒圆，圆角半径设置为 5mm。

7）拉伸凸台。在环形平面绘制草图 1（拉伸 5mm），在端部圆形平面绘制草图 2（拉伸 5mm），在八边形平面绘制草图 3（拉伸 40mm），如图 6-111 所示

草图 1　　　　　　　　　　草图 2　　　　　　　　　草图 3

图 6-111　拉伸凸台 4

8）螺旋线与扫描切除，设置如图 6-112 所示，扫描切除效果如图 6-113 所示。

图 6-112 "螺旋线 / 涡状线"属性管理器

图 6-113 扫描切除效果

9）拉伸切除。选择零件端面，绘制的草图如图 6-114 所示。选择类型为"成形到下一面"，拉伸切除效果如图 6-115 所示。

图 6-114 绘制草图

图 6-115 拉伸切除

第 7 章　装配体设计

导读

　　对于机械设计而言，单纯的零件没有实际意义，一个运动机构和一个整体才有意义。将已经设计完成的各个独立的零件根据实际需要装配成一个完整的实体。在此基础上对装配体进行运动测试，检查是否完成整机的设计功能，才是整个设计的关键，这也是 SOLIDWORKS 的优点之一。

　　本章将介绍装配体基本操作、装配体配合方式、运动测试、装配体文件中零件的阵列和镜像，以及爆炸视图等。

学习要点

◎ 装配体基本操作

◎ 装配体配合方式

◎ 零件的复制、阵列与镜像

◎ 装配体检查

◎ 爆炸视图

◎ 装配体的简化

7.1 装配体基本操作

要实现对零部件进行装配，必须首先创建一个装配体文件。本节将介绍创建装配体的基本操作，包括新建装配体文件、插入零部件、移动零部件及旋转零部件。

7.1.1 新建装配体文件

零件设计完成以后，在将零件装配到一起之前，必须创建一个装配体文件，操作步骤如下：

1）新建文件。在菜单栏中选择"文件"→"新建"命令，或者单击快速访问工具栏中的"新建"按钮，此时系统弹出如图 7-1 所示为"新建 SOLIDWORKS 文件"对话框。

2）选择文件类型。在该对话框中选择"装配体"按钮，然后单击"确定"按钮，创建一个装配体文件。装配体文件的操作界面如图 7-2 所示。

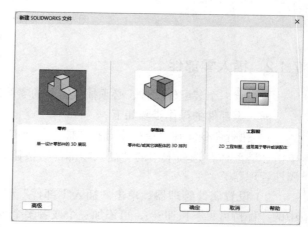

图 7-1 "新建 SOLIDWORKS 文件"对话框

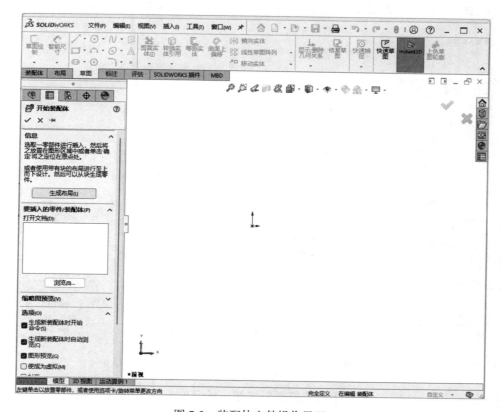

图 7-2 装配体文件操作界面

在装配体文件操作界面中有一个专用的"装配体"选项卡，如图 7-3 所示。

图 7-3 "装配体"选项卡

7.1.2 插入零部件

要组合一个装配体文件，必须插入需要的零部件。

插入零部件的操作步骤如下：

1）执行命令。在菜单栏中选择"插入"→"零部件"→"现有零件 / 装配体"命令，或者单击"装配体"选项卡中的"插入零部件"按钮，系统弹出如图 7-4 所示的"插入零部件"属性管理器。

2）设置属性管理器。单击"插入零部件"属性管理器"打开"对话框，单击属性管理器中的"保持可见"按钮，可添加一个或者多个零部件，且属性管理器不关闭。如果没有选中该按钮，则每添加一个零部件都需要重新启动该属性管理器。

3）选择需要的零件。如果在步骤中没有弹出"打开"对话框，则单击属性管理器中的"浏览"按钮，此时系统弹出如图 7-5 所示的"打开"对话框，在其中选择需要插入的文件。

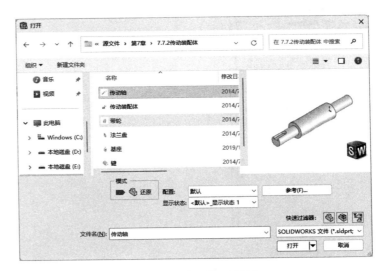

图 7-4 "插入零部件"属性管理器　　　　图 7-5 "打开"对话框

4）插入零件。单击对话框中的"打开"按钮，然后单击视图中一点，在合适的位置插入所选择的零部件。

5）插入需要的零部件。重复步骤3）、4），插入需要的零部件，零部件插入完毕后，单击属性管理器中的"确定"按钮✔。

注意：

1）第一个插入的零件在装配图中默认的状态是固定的，即不能移动和旋转，在FeatureManager设计树中的显示为"（f）"。如果不是第一个零件，则是浮动的，在FeatureManager设计树中显示为"（－）"，如图7-6所示。

2）系统默认第一个插入的零件是固定的，也可以将其设置为浮动，方法是右击FeatureManager设计树中固定的文件，在弹出的快捷菜单中选择"浮动"选项，如图7-7所示。反之，也可以将其设置为固定状态。

图7-6　固定和浮动显示

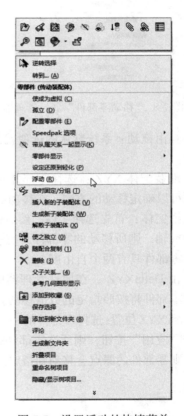

图7-7　设置浮动的快捷菜单

7.1.3　移动零部件

在FeatureManager设计树中，只要前面有"（－）"符号，该零件即可被移动。

移动零部件的操作步骤如下：

1）执行命令。在菜单栏中选择"工具"→"零部件"→"移动"命令，或者单击"装配体"选项卡中的"移动零部件"按钮，系统弹出如图7-8所示的"移动零部件"属性管理器。

2）设置移动类型。在属性管理器中选择需要移动的类型，然后拖动到需要的位置。

3）退出命令操作。单击属性管理器中的"确定"按钮✔，或者按 Esc 键，取消命令操作。
在"移动零部件"属性管理器中，移动零部件的类型有 5 种，如图 7-9 所示。

图 7-8 "移动零部件"属性管理器　　　　图 7-9 移动零部件类型下拉列表

（1）自由拖动：系统默认的选项就是自由拖动方式，即可以在视图中把选中的文件拖动到任意位置。

（2）沿装配体 XYZ：选择零部件并沿装配体的 X、Y 或 Z 方向拖动。视图中显示的装配体坐标系可以确定移动的方向。在移动前要在欲移动方向的轴附近单击。

（3）沿实体：首先选择实体，然后选择零部件并沿该实体拖动。如果选择的实体是一条直线、边线或轴，则所移动的零部件具有一个自由度。如果选择的实体是一个基准面或平面，则所移动的零部件具有两个自由度。

（4）由 DeltaXYZ：在属性管理器中键入移动的范围，如图 7-10 所示，然后单击"应用"按钮，则零部件将按照指定的数值移动。

（5）到 XYZ 位置：选择零部件的一点，在属性管理器中键入 X、Y 或 Z 坐标，如图 7-11 所示，然后单击"应用"按钮，则所选零部件的点将移动到指定的坐标位置。如果选择的项目不是顶点或点，则零部件的原点会移动到指定的坐标处。

图 7-10 由 DeltaXYZ 设置　　　　　　图 7-11 到 XYZ 位置设置

7.1.4 旋转零部件

在 FeatureManager 设计树中，只要前面有"（ − ）"符号，该零件即可被旋转。

旋转零部件的操作步骤如下：

1）执行命令。在菜单栏中选择"工具"→"零部件"→"旋转"命令，或者单击"装配体"选项卡"移动零部件"下拉列表中的"旋转零部件"按钮 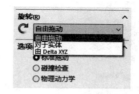，系统弹出如图 7-12 所示的"旋转零部件"属性管理器。

2）设置旋转类型。在属性管理器中，选择需要旋转的类型，然后根据需要确定零部件的旋转角度。

3）退出命令操作。单击属性管理器中的"确定"按钮 ✔，或者按 Esc 键，取消命令操作。

在"旋转零部件"属性管理器中，旋转零部件的类型有 3 种，如图 7-13 所示。

（1）自由拖动：选择零部件并沿任何方向旋转拖动。

（2）对于实体：选择一条直线、边线或轴，然后围绕所选实体旋转零部件。

（3）由 DeltaXYZ：在属性管理器中键入旋转的范围，然后单击"应用"按钮，则零部件将按照指定的数值进行旋转。

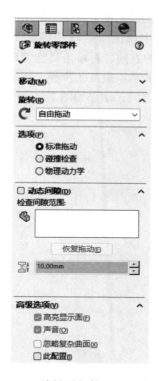

图 7-12　"旋转零部件"属性管理器

图 7-13　旋转零部件类型下拉列表

注意：

1）不能移动或者旋转一个已经固定或者完全定义的零部件。

2）只能在配合关系允许的自由度范围内移动和选择该零部件。

7.2　装配体配合方式

空间中的每个零件都具有 3 个平移和 3 个旋转共 6 个自由度。在装配体中，需要对零部件进行相应的约束来限制各个零件的自由度，来控制零部件相应的位置。

配合是建立零件间配合关系的方法。配合前应该将配合对象插入到装配体文件中，然后选择配合零件的实体，最后添加合适的配合关系和配合方式。配合的操作步骤如下：

1）执行命令。在菜单栏中选择"插入"→"配合"命令，或者单击"装配体"选项卡中的"配合"按钮◎，系统弹出如图 7-14 所示的"配合"属性管理器。

2）设置配合类型。在"配合"属性管理器中的"配合选择"栏中选择要配合的实体，然后单击配合类型按钮，此时配合的类型出现在属性管理器的"配合"栏中。

3）确认配合。单击属性管理器中的"确定"按钮✔，配合添加完毕。

从"配合"属性管理器中可以看出，一般配合方式主要包括重合、平行、垂直、相切、同轴心、锁定、距离与角度等。

（1）重合：重合配合关系比较常用，它是将所选择两个零件的平面、边线、顶点，或者平面与边线、点与平面进行重合。

图 7-15 所示为配合前的两个零部件，标注的 6 个面为选择的配合实体。利用前面介绍的配合操作步骤，在"配合"属性管理器中的"配合选择"栏中选择图 7-15 中的平面 1 和平面 4，然后单击"配合类型"栏中的"重合"按钮☒，注意重合的方向，再单击属性管理器中的"确定"按钮✔，即可将平面 1 和平面 4 添加为"重合"配合关系。重复此步骤，将平面 2 和平面 5、平面 3 和平面 6 添加为"重合"配合关系，注意重合的方向，结果如图 7-16 所示。

图 7-14　"配合"属性管理器

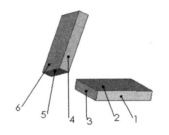

图 7-15　配合前的图形

注意：

在装配前，最好将零件对象设置在视图中合适的位置，这样可以达到最佳配合效果，可以节省配合时间。

（2）平行：平行也是常用的配合关系，用来定位所选零件的平面或者基准面，使之保持相同的方向，并且彼此间保持相同的距离。

图 7-17 所示为配合前的两个零部件，标注的 4 个面为选择的配合实体。利用前面介绍的配合操作步骤，在"配合"属性管理器中的"配合选择"栏中选择图 7-17 中的平面 1 和平面 2，然后单击"配合类型"栏中的"平行"按钮 ，再单击属性管理器中的"确定"按钮 ，将平面 1 和平面 4 添加为"平行"配合关系。重复此步骤，即可将平面 3 和平面 4 添加为"平行"配合关系，结果如图 7-18 所示。

图 7-16 配合后的图形

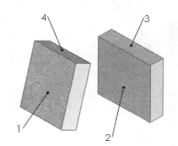

图 7-17 配合前的图形

 注意：

平行配合有两种不同的情况：一种是反向对齐，一种是同向对齐，在配合中要根据配合需要设定不同的平行配合方式。

（3）垂直：相互垂直的配合方式可以用在两零件的基准面与基准面、基准面与轴线、平面与平面、平面与轴线、轴线与轴线的配合。面与面之间的垂直配合是指空间法向量的垂直，并不是指平面的垂直。

图 7-19 所示为配合前的两个零部件，利用前面介绍的配合操作步骤，在属性管理器中的"配合选择"栏中选择图 7-19 中的平面 1 和临时轴 2，然后单击"配合类型"栏中的"垂直"按钮 ，再单击属性管理器中的"确定"按钮 ，即可将平面 1 和临时轴 2 添加为"垂直"配合关系，结果如图 7-20 所示。

（4）相切"相切配合方式可以用在两零件的圆弧面与圆弧面、圆弧面与平面、圆弧面与圆柱面、圆柱面与圆柱面、圆柱面与平面之间的配合。

图 7-21 所示为配合前的两个零部件，圆弧面 1 和圆柱面 2 为配合的实体面。在"配合"属性管理器中的"配合选择"栏中选择图 7-21 中的圆弧面 1 和圆柱面 2，然后单击"配合类型"栏中的"相切"按钮 ，再单击属性管理器中的"确定"按钮 ，即可将圆弧面 1 和圆柱面 2 添加为"相切"配合关系，结果如图 7-22 所示。

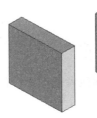

图 7-18　配合后的图形

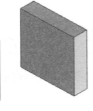

图 7-19　配合前的图形

图 7-20　配合后的图形

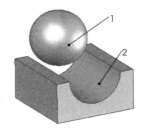

图 7-21　配合前的图形

图 7-22　配合后的图形

 注意：

在相切配合中，至少有一选择项目必须为圆柱面、圆锥面或球面。

（5）同轴心：同轴心配合方式可以用在两零件的圆柱面与圆柱面、圆孔面与圆孔面、圆锥面与圆锥面之间的配合。

图 7-23 所示为配合前的两个零部件，圆柱面 1 和圆柱面 2 为配合的实体面。在"配合"属性管理器中的"配合选择"栏中选择图 7-23 中的圆弧面 1 和圆柱面 2，然后单击"配合类型"栏中的"同轴心"按钮 ◎，再单击属性管理器中的"确定"按钮 ✔，即可将圆弧面 1 和圆柱面 2 添加为"同轴心"配合关系，结果如图 7-24 所示。

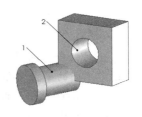

图 7-23　配合前的图形

需要注意的是，同轴心配合对齐方式有两种：一是反向对齐，在"配合"属性管理器中的图标是 ；另一种是同向对齐，在"配合"属性管理器中的图标是 。在该配合中，系统默认的配合是反向对齐，如图 7-24 所示。单击"配合"属性管理器中的同向对齐图标 ，则生成如图 7-25 所示的配合图形。

图 7-24　反向对齐配合后的图形

图 7-25　同向对齐配合后的图形

（6）距离：距离配合方式可以用在两零件的平面与平面、基准面与基准面、圆柱面与圆柱面、圆锥面与圆锥面之间的配合，可以形成平行距离的配合关系。

图 7-26 所示为配合前的两个零部件，平面 1 和平面 2 为配合的实体面。在"配合"属性管理器中的"配合选择"栏中选择图 7-26 中的平面 1 和平面 2，然后单击"配合类型"栏中的"距离"按钮 ⊞，在其中输入设定的距离为 60mm，再单击属性管理器中的"确定"按钮 ✔，即可将平面 1 和平面 2 添加为"距离"为 60mm 的配合关系，结果如图 7-27 所示。

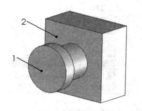

图 7-26　配合前的图形

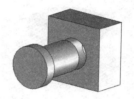

图 7-27　配合后的图形

需要注意的是，距离配合对齐方式有两种：一是反向对齐，另一种是同向对齐。要根据实际需要进行设置。

（7）角度：角度配合方式可以用在两零件的平面与平面、基准面与基准面以及可以形成角度值的两实体之间的配合关系。

图 7-28 所示为配合前的两个零部件，平面 1 和平面 2 为配合的实体面。在"配合"属性管理器中的"配合选择"栏中选择图 7-28 中的平面 1 和平面 2，然后单击"配合类型"栏中的"角度"按钮 ⊿，在其中输入设定的角度 60 度，再单击属性管理器中的"确定"按钮 ✔，即可将平面 1 和平面 2 添加为"角度"为 60 度的配合关系，结果如图 7-29 所示。

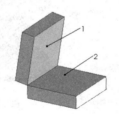

图 7-28　配合前的图形

图 7-29　配合后的图形

 注意：

要满足零件体文件中零件的装配，通常需要几个配合关系结合使用，所以要灵活运用装配关系，使其满足装配的需要。

7.3　零件的复制、阵列与镜像

如果在同一个装配体中存在多个相同的零件，则在装配时用户可以不必重复地插入零件，而是利用复制、阵列或者镜像的方法，快速完成具有规律性的零件的插入和装配。

7.3.1 零件的复制

SOLIDWORKS 可以复制已经在装配体文件中存在的零部件。下面将介绍复制零部件的操作步骤。图 7-30 所示为复制前的装配体，图 7-31 所示为复制前装配体的 FeatureManager 设计树。

图 7-30　复制前的装配体　　　　　　图 7-31　复制前装配体的 FeatureManager 设计树

1）复制零件。按住 Ctrl 键，在 FeatureManager 设计树中选择需要复制的零部件，如图 7-31 所示，然后拖动到图中需要的位置。这里拖动零件圆环到视图中合适的位置，结果如图 7-32 所示。此时 FeatureManager 设计树如图 7-33 所示。对照复制前后的两个 FeatureManager 设计树，可以看到所有不同。

2）添加配合关系。添加相应的配合关系，结果如图 7-34 所示。

图 7-32　复制后的装配体　　　图 7-33　复制后的 FeatureManager 设计树　　　图 7-34　配合后的装配体

7.3.2 零件的阵列

零件的阵列分为线性阵列和圆周阵列。如果装配体中具有相同的零件，并且这些零件按照线性或者圆周的方式排列，可以使用线性阵列和圆周阵列命令进行操作。下面将结合实例进行介绍。

1. 零件的线性阵列

零件的线性阵列可以同时阵列一个或者多个零部件，并且阵列出来的零件不需要再添加配合关系即可完成配合。

【例 7-1】以图 7-40 所示的装配体为例，介绍线性阵列零件的操作步骤。

1）创建装配体文件。在菜单栏中选择"文件"→"新建"命令，在系统弹出的"新建 SOLIDWORKS 文件"对话框中单击"装配体"按钮🛢，创建一个装配体文件。

2）插入"底座"文件。在弹出的"开始装配体"属性管理器中单击"浏览"按钮，插入已绘制的名为"底座"的文件，并调节视图中零件的方向，底座零件的尺寸如图 7-35 所示。

3）插入"圆柱"文件。在菜单栏中选择"插入"→"零部件"→"现有零件 / 装配体"命令，或单击"插入"选项卡中的"插入零部件"按钮，插入已绘制的名为"圆柱"的文件。"圆柱"零件的尺寸如图 7-36 所示。调节视图中各零件的方向，结果如图 7-37 所示。

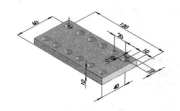
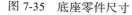

图 7-35　底座零件尺寸

图 7-36　圆柱零件尺寸

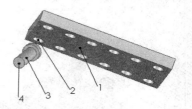

图 7-37　插入零件后的装配体

4）添加配合关系。在菜单栏中选择"插入"→"配合"命令，或者单击"装配体"选项卡中的"配合"按钮。系统弹出"配合"属性管理器。

5）设置属性管理器，将图 7-37 中的平面 1 和平面 4 添加为"重合"配合关系，将圆柱面 2 和圆柱面 3 添加为"同轴心"配合关系，注意配合的方向。

6）确认配合关系。单击属性管理器中的"确定"按钮，配合添加完毕，结果如图 7-38 所示。

7）线性阵列圆柱零件。选择菜单栏中的"插入"→"零部件阵列"→"线性阵列"命令，或单击"装配体"选项卡中的"线性零部件阵列"按钮，系统弹出如图 7-39 所示的"线性阵列"属性管理器。

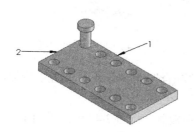

图 7-38　配合后的测轴图

图 7-39　"线性阵列"属性管理器

8）设置属性管理器。在"方向 1"的"阵列方向"栏中选择图 7-38 中的边线 1，注意设置阵列的方向；在"方向 2"的"阵列方向"栏中选择图 7-38 中的边线 2，注意设置阵列的方向；在"要阵列的零部件"栏中选择图 7-38 中的圆柱。其他设置如图 7-39 所示。

9）确认线性阵列。单击属性管理器中的"确定"按钮 ✔，完成零件的线性阵列。结果如图 7-40 所示。此时装配体文件的 FeatureManager 设计树如图 7-41 所示。

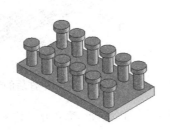

图 7-40　线性阵列后的图形　　　　图 7-41　装配体的 FeatureManager 设计树

2. 零件的圆周阵列

零件的圆周阵列与线性阵列类似，只是需要一个进行圆周阵列的轴线。

【例 7-2】以图 7-48 所示的装配体为例，介绍圆周阵列零件的操作步骤。

1）创建装配体文件。在菜单栏中选择"文件"→"新建"命令，在系统弹出的"新建 SOLIDWORKS 文件"对话框中单击"装配体"按钮 🖥，创建一个装配体文件。

2）插入"圆盘"文件。在弹出的"开始装配体"属性管理器中单击"浏览"按钮，插入已绘制的名为"圆盘"的文件，并调节视图中零件的方向。圆盘零件的尺寸如图 7-42 所示。

3）插入"圆柱"文件。单击"插入"选项卡中的"插入零部件"按钮 🖳，插入已绘制的名为"圆柱"的文件。"圆柱"零件的尺寸如图 7-43 所示。调节视图中各零件的方向，结果如图 7-44 所示。

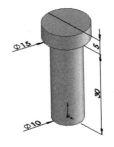

图 7-42　圆盘零件尺寸　　　　　　图 7-43　圆柱零件尺寸

4）添加配合关系。在菜单栏中选择"插入"→"配合"命令，或者单击"装配体"选项卡中的"配合"按钮 ◎。

5）设置属性管理器。此时系统弹出"配合"属性管理器，将图 7-44 中的平面 1 和平面 4 添加为"重合"配合关系，将圆柱面 2 和圆柱面 3 添加为"同轴心"配合关系，注意配合的方向。

6）确认配合关系。单击属性管理器中的"确定"按钮✓，配合添加完毕，结果如图 7-45 所示。

图 7-44　插入零件后的装配体

图 7-45　配合后的等轴测视图

7）显示临时轴。在菜单栏中选择"视图"→"隐藏/显示"→"临时轴"命令，显示视图中的临时轴，结果如图 7-46 所示。

8）圆周阵列圆柱零件。单击"装配体"选项卡"线性零部件阵列"下拉列表中的"圆周零部件阵列"按钮✣，系统弹出如图 7-47 所示的"圆周阵列"属性管理器。

图 7-46　显示临时轴的图形

图 7-47　"圆周阵列"属性管理器

9）设置属性管理器。在"阵列轴"栏中选择图 7-46 中的临时轴 1，在"要阵列的零部件"栏中选择图 7-46 中的圆柱，其他设置按照图 7-47 所示。

10）确认圆周阵列。单击属性管理器中的"确定"按钮✓，完成零件的圆周阵列，结果如图 7-48 所示。此时装配体文件的 FeatureManager 设计树如图 7-49 所示。

图 7-48　圆周阵列后的图形

图 7-49　装配体文件的 FeatureManager 设计树

7.3.3 零件的镜像

装配体环境下的镜像操作与零件设计环境下的镜像操作类似。在装配体环境下，有相同且对称的零部件时，可以使用镜像零部件操作来完成。

【例 7-3】以图 7-50 所示的装配体为例，介绍镜像零件的操作步骤。

1）创建装配体文件。在菜单栏中选择"文件"→"新建"命令，在系统弹出的"新建 SOLIDWORKS 文件"对话框中单击"装配体"按钮，创建一个装配体文件。

2）插入"底座"文件。在弹出的"开始装配体"属性管理器中单击"浏览"按钮，插入已绘制的名为"底座"的文件，并调节视图中零件的方向。底座平板零件的尺寸如图 7-50 所示。

3）插入"圆柱"文件。单击"装配体"选项卡中的"插入零部件"按钮，插入已绘制的名为"圆柱"的文件。圆柱零件的尺寸如图 7-51 所示。调节视图中各零件的方向，结果如图 7-52 所示。

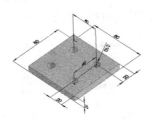

图 7-50　底座平板零件尺寸

图 7-51　圆柱零件尺寸

4）添加配合关系。在菜单栏中选择"插入"→"配合"命令，或者单击"装配体"选项卡中的"配合"按钮，系统弹出"配合"属性管理器。

5）设置属性管理器。将图 7-52 中的平面 1 和平面 3 添加为"重合"配合关系，将圆柱面 2 和圆柱面 4 添加为"同轴心"配合关系，注意配合的方向。

6）确认配合关系。单击属性管理器中的"确定"按钮，配合添加完毕，结果如图 7-53 所示。

图 7-52　插入零件后的装配体

图 7-53　配合后的等轴测视图

7）添加基准面。在菜单栏中选择"插入"→"参考几何体"→"基准面"命令，或者单击"装配体"选项卡"参考几何体"下拉列表中的"基准面"按钮，弹出如图 7-54 所示的"基准面"属性管理器。

8）设置属性管理器。在"第一参考"栏中选择图 7-53 中的面 1；在"距离"栏中输入 40mm，注意添加基准面的方向，其他设置如图 7-54 所示，添加的基准面 1 如图 7-55 所示。重复此命令，添加如图 7-55 所示的基准面 2。

图 7-54 "基准面"属性管理器

图 7-55 添加基准面后的图形

9）镜像圆柱零件。单击"装配体"选项卡"线性零件阵列"下拉列表中的"镜像零部件"按钮，此时系统弹出如图 7-56 所示的"镜像零部件"属性管理器 1。

10）设置属性管理器。在"镜像基准面"栏中选择图 7-55 中的基准面 1，在"要镜像的零部件"栏中选择如图 7-55 中的圆柱。单击属性管理器中的"下一步"按钮，此时属性管理器 2 如图 7-57 所示。

图 7-56 "镜像零部件"属性管理器 1

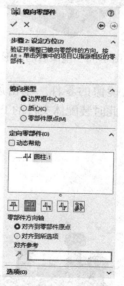

图 7-57 "镜像零部件"属性管理器 2

11）确认镜像的零件。单击属性管理器中的"确定"按钮，零件镜像完毕，结果如图 7-58 所示。

12）镜像圆柱零件。继续单击"装配体"选项卡中的"镜像零部件"按钮，此时系统弹出"镜像零部件"属性管理器。

13）设置属性管理器。在"镜像基准面"栏中选择图 7-58 中的基准面 2；在"要镜像的零部件"栏中选择图 7-58 中的两个圆柱。单击属性管理器中的"下一步"按钮，此时属性管理器 3 如图 7-59 所示。

图 7-58　镜像后的图形

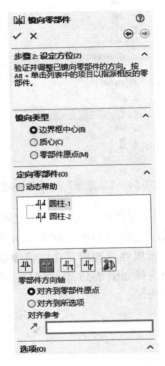

图 7-59　"镜像零部件"属性管理器 3

14）确认镜像的零件。单击属性管理器中的"确定"按钮，零件镜像完毕，结果如图 7-60 所示。此时装配体文件的 FeatureManager 设计树如图 7-61 所示。

图 7-60　镜像后的装配体图形

图 7-61　装配体文件的 FeatureManager 设计树

注意：

从上面的实例操作步骤可以看出，不但可以对称地镜像原零部件，而且还可以反方向镜像零部件，因此要灵活应用该命令。

7.4 装配体检查

装配体检查主要包括碰撞测试、动态间隙、体积干涉检查及装配体统计等，用于检查装配体各个零部件装配后装配的正确性和装配信息等。

7.4.1 碰撞测试

在装配体环境下，对于移动或者旋转的零部件，SOLIDWORKS 提供了其与其他零部件的碰撞检查。在进行碰撞测试时，零件必须要做适当的配合，但是不能完全限制配合，否则零件无法移动。

物理动力学是碰撞检查中的一个选项，若单击"物理动力学"单选按钮，等同于向被撞零部件施加了一个碰撞力。

【例 7-4】以图 7-62 所示的装配体为例，介绍碰撞测试的操作步骤。

1）打开装配体文件。图 7-62 所示为碰撞测试用的装配体文件，两个轴件与基座的凹槽为"同轴心"配合方式。

2）碰撞检查。单击"装配体"选项卡中的"移动零部件"按钮，或者单击"装配体"选项卡"移动零部件"下拉列表中的"旋转零部件"按钮，系统弹出"移动零部件"或者"旋转零部件"属性管理器。

3）设置属性管理器。在"选项"栏中单击"碰撞检查"单选按钮及勾选"碰撞时停止"复选框，则碰撞时零件会停止运动；在"高级选项"栏中勾选"高亮显示面"及"声音"复选框，则碰撞时零件会亮显并且计算机会发出碰撞的声音。碰撞检查时的设置如图 7-63 所示。

4）碰撞检查。拖动图 7-62 中的零件 2 向零件 1 移动，在碰撞零件 1 时，零件 2 会停止运动，并且零件 2 会亮显，如图 7-64 所示。

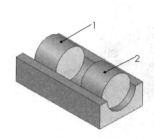

图 7-62 碰撞测试装配体文件

图 7-63 碰撞检查时的设置

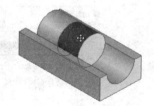

图 7-64 碰撞检查时的装配体

5）物理动力学设置。在"移动零部件"或者"旋转零部件"属性管理器中的"选项"栏中单击"物理动力学"单选按钮，下面的"敏感度"工具条可以调节施加的力；在"高级选项"栏中勾选"高亮显示面"及"声音"复选框，则碰撞时零件会亮显并且计算机会发出碰撞的声音。物理动力学检查时的设置如图 7-65 所示。

6）物理动力学检查。拖动图 7-62 中的零件 2 向零件 1 移动，在碰撞零件 1 时，零件 1 和零件 2 会以给定的力一起向前运动，如图 7-66 所示。

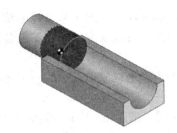

图 7-65　物理动力学检查时的设置　　　图 7-66　物理动力学检查时的装配体

7.4.2　动态间隙

动态间隙用于在零部件移动过程中动态显示两个设置零部件间的距离。

【例 7-5】以图 7-62 所示的装配体为例，介绍动态间隙的操作步骤。

1）打开装配体文件。使用如图 7-62 所示的装配体文件。两个轴件与基座的凹槽为"同轴心"配合方式。

2）执行命令。单击"装配体"选项卡中的"移动零部件"按钮，系统弹出"移动零部件"属性管理器。

3）设置属性管理器。勾选"动态间隙"复选框，在"所选零部件几何体"栏中选择图 7-62 中的轴 1 和轴 2，然后单击"恢复拖动"按钮。动态间隙的设置如图 7-67 所示。

4）动态间隙检查。拖动图 7-62 中的零件 2，则两个轴件之间的距离会实时地改变，如图 7-68 所示。

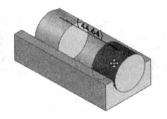

图 7-67　动态间隙的设置　　　图 7-68　动态间隙检查

注意：

动态间隙设置时，在"指定间隙停止"栏中输入的值用于确定两零件之间停止的距离。当两零件之间的距离为该值时，零件就会停止运动。

7.4.3 体积干涉检查

在一个复杂的装配体文件中，直接判别零部件是否发生干涉是件比较困难的事情。SOLID-WORKS 提供了体积干涉检查工具，利用该工具可以比较容易地在零部件之间进行干涉检查，并且可以查看发生干涉的体积。

【例 7-6】以图 7-69 所示的装配体为例，介绍体积干涉检查的操作步骤。

1）打开装配体文件。使用 7.4.2 节的装配体文件，两个轴件与基座的凹槽为"同轴心"配合方式，调节两个轴件相互重合，如图 7-69 所示。

2）执行命令。单击"评估"选项卡中"干涉检查"按钮，此时系统弹出"干涉检查"属性管理器。

3）设置属性管理器。勾选"视重合为干涉"复选框，单击属性管理器中的"计算"按钮，如图 7-70 所示。

4）体积干涉检查。检查结果出现在"结果"栏中，如图 7-71 所示。在"结果"栏中不但显示了干涉的体积，而且还显示了干涉的数量以及干涉的个数等信息。

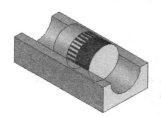

图 7-69　体积干涉检查装配体文件　　图 7-70　"干涉检查"属性管理器　　图 7-71　干涉检查结果

7.4.4 装配体统计

SOLIDWORKS 提供了对装配体进行统计报告的功能，即装配体统计。通过装配体统计，可以生成一个装配体文件的统计资料。

【例 7-7】以图 7-72 所示的装配体为例，介绍装配体统计的操作步骤。

1）打开装配体文件。打开"移动轮"装配体文件，如图 7-72 所示。"移动轮"装配体文件的 FeatureManager 设计树如图 7-73 所示。

2）执行装配体统计命令。在菜单栏中选择"工具"→"评估"→"性能评估"命令，此时系统弹出如图 7-74 所示的"性能评估"对话框。

图 7-72 "移动轮"装配体文件

3）确认统计结果。单击"性能评估"对话框中的"关闭"按钮，关闭该对话框。

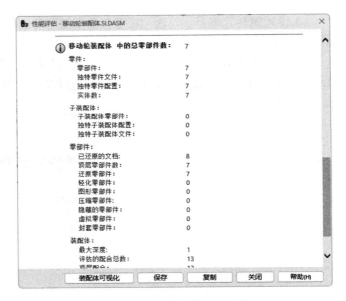

图 7-73 装配体的 FeatureManager 设计树

图 7-74 "性能评估"对话框

在"性能评估"对话框中可以查看装配体文件的统计资料。对话框中各项的含义如下：

➢ 零部件：统计的零件数包括装配体中所有的零件，无论是否被压缩，但是被压缩的子装配体的零部件不包括在统计中。

➢ 独特零件：仅统计未被压缩的互不相同的零件。

➢ 子装配体：统计装配体文件中包含的子装配体个数。

➢ 独特子装配体：仅统计装配体文件中包含的未被压缩的互不相同子装配体个数。

➢ 还原零部件：统计装配体文件处于还原状态的零部件个数。

➢ 压缩零部件：统计装配体文件处于压缩状态的零部件个数。

➢ 顶层配合：统计最高层装配体文件中所包含的配合关系的个数。

7.5 爆炸视图

在零部件装配体完成后，为了在制造、维修及销售中直观地分析各个零部件之间的相互关系，可将装配图按照零部件的配合条件来生成爆炸视图。装配体爆炸以后，用户不可以对装配体添加新的配合关系。

7.5.1 生成爆炸视图

爆炸视图可以很形象地显示装配体中各个零部件的配合关系，常称为系统立体图。爆炸视图通常用于介绍零件的组装流程、仪器的操作手册及产品使用说明书。

【例 7-8】以如图 7-75 所示的装配体为例，介绍爆炸视图的操作步骤。

1）打开装配体文件。打开"移动轮"装配体文件，如图 7-75 所示。"移动轮"装配体文件的 FeatureManager 设计树如图 7-73 所示。

2）执行创建爆炸视图命令。单击"装配体"选项卡中的"爆炸视图"按钮 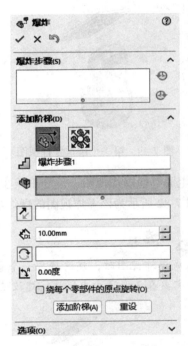，此时系统弹出如图 7-76 所示的"爆炸"属性管理器。单击属性管理器中的"爆炸步骤""添加阶梯"及各选项组右上角的箭头，将其展开。

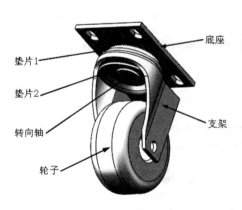

图 7-75 "移动轮"装配体文件

图 7-76 "爆炸"属性管理器

3）设置属性管理器。在"添加阶梯"选项组的"爆炸步骤零部件" 栏中单击图 7-75 中的"底座"零件，此时装配体中被选中的零件被亮显，并且出现一个设置移动方向的坐标，如图 7-77 所示。

4）设置爆炸方向。单击图 7-77 中坐标的某一方向，确定要爆炸的方向，然后在"添加阶梯"选项组的"爆炸距离" 栏中输入爆炸的距离值，如图 7-78 所示。

图 7-77　选择零件后的装配体

图 7-78　"添加阶梯"选项组的设置

5）生成爆炸步骤。单击"爆炸方向"前面的"反向"按钮，可以反方向调整爆炸视图。单击"添加阶梯"选项组的"添加阶梯"按钮，第一个零件爆炸完成，结果如图 7-79 所示。并且在"爆炸步骤"复选框中生成"爆炸步骤 1"，如图 7-80 所示。

图 7-79　第一个爆炸零件视图

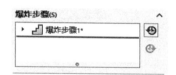

图 7-80　生成的爆炸步骤

6）生成其他爆炸视图。重复步骤 3）~ 5），将其他零部件爆炸，生成的爆炸视图如图 7-81 所示。图 7-82 所示为该爆炸视图的爆炸步骤。

 注意：

在生成爆炸视图时，建议将每一个零件在每一个方向上的爆炸设置为一个爆炸步骤。如果一个零件需要在 3 个方向上爆炸，建议使用 3 个爆炸步骤，这样可以很方便地修改爆炸视图。

图 7-81　生成的爆炸视图

图 7-82　生成的爆炸步骤

7.5.2 编辑爆炸视图

装配体爆炸后，可以利用"爆炸"属性管理器进行编辑，也可以添加新的爆炸步骤。

【例 7-9】以"移动轮装"配体为例，介绍编辑爆炸视图的操作步骤。

1）打开装配体文件。打开爆炸后的"移动轮"装配体文件，如图 7-81 所示。

2）打开"爆炸"属性管理器。选择 ConfigurationMan-ager 设计树中的"配置"→"爆炸视图 1"，右击，在弹出的快捷菜单中选择"编辑特征"命令，此时系统弹出"爆炸视图"属性管理器。

3）编辑爆炸步骤。在"爆炸步骤"选项组中选择"爆炸步骤 1"，此时"爆炸步骤 1"的爆炸设置出现在"添加阶梯"选项组，如图 7-83 所示。

4）确认爆炸修改。修改"添加阶梯"选项组的距离参数，或者拖动视图中要爆炸的零部件，然后单击"完成"按钮，即可完成对爆炸视图的修改。

5）删除爆炸步骤。在"爆炸步骤 1"的右键快捷菜单中选择"删除"选项，该爆炸步骤就会被删除。删除后爆炸的操作步骤如图 7-84 所示。删除爆炸后，零部件恢复爆炸前的配合状态，结果如图 7-85 所示。对照图 7-85 与图 7-81 所示的异同。

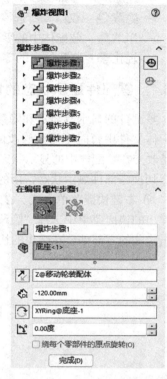

图 7-83 "爆炸视图"属性管理器

图 7-84 删除爆炸步骤 1 后的爆炸步骤

图 7-85 删除爆炸步骤 1 后的视图

7.6 装配体的简化

在实际设计过程中，一个完整的机械产品的总装配图是很复杂的，它通常由许多的零部件组成。SOLIDWORKS 提供了多种简化的手段，通常使用改变零部件的显示属性以及改变零部

件的压缩状态来简化复杂的装配体。SOLIDWORKS 中的零部件有 4 种显示状态：

- ➢ 还原：零部件以正常方式显示装入零部件的所有设计信息。
- ➢ 隐藏：仅隐藏所选零部件在装配图中的显示。
- ➢ 压缩：装配体中的零部件不被显示，并且可以减少工作时装入和计算的数据量。
- ➢ 轻化：装配体中的零部件处于轻化状态，只占用部分内存资源。

7.6.1　零部件显示状态的切换

零部件的显示有显示和隐藏两种状态。通过设置装配体文件中零部件的显示状态，可以将装配体文件中暂时不需要修改的零部件隐藏起来。零部件的显示和隐藏不影响零部件的本身，只是改变在装配体中的显示状态。

切换零部件显示状态常用的方法有 3 种：

1）右键快捷菜单方式。在 FeatureManager 设计树或者图形区域中，右击要隐藏的零部件，在弹出的快捷菜单中选择"隐藏零部件"选项，如图 7-86 所示。如果要显示隐藏的零部件，则右击隐藏的零部件，在弹出的快捷菜单中单击"显示零部件"选项，如图 7-87 所示。

图 7-86　隐藏零部件快捷菜单

图 7-87　显示零部件快捷菜单

2）工具栏方式。在 FeatureManager 设计树或者图形区域中选择需要隐藏或者显示的零部件，然后单击"装配体"选项卡中的"显示隐藏的零部件"按钮，即可实现零部件的隐藏和显示状态的切换。

3）菜单方式。在 FeatureManager 设计树或者图形区域中选择需要隐藏的零部件，然后在菜单栏中选择"编辑"→"隐藏"→"当前显示状态"命令，将所选零部件切换到隐藏状态。选择需要显示的零部件，在菜单栏中选择"编辑"→"显示"→"当前显示状态"命令，将所选的零部件切换到显示状态。

图 7-88 所示为移动轮装配体图形，图 7-89 所示为其 FeatureManager 设计树。图 7-90 所示为隐藏"移动轮 4（支架）"后的装配体图形，图 7-91 所示为隐藏支架后的 Feature Manager 设计树。

图 7-88　移动轮装配体图形

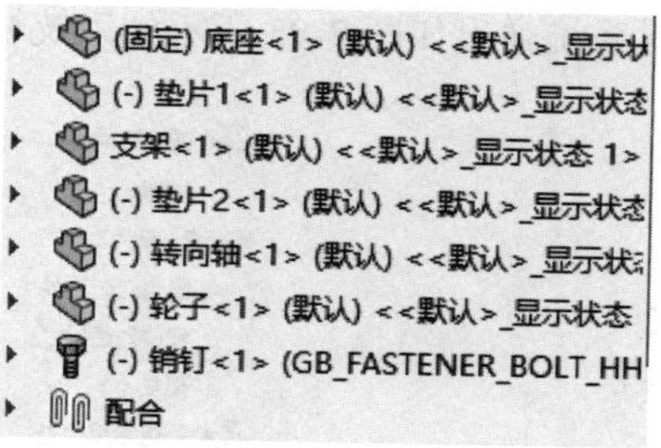

图 7-89　移动轮的 FeatureManager 设计树

图 7-90　隐藏支架后的装配体图形

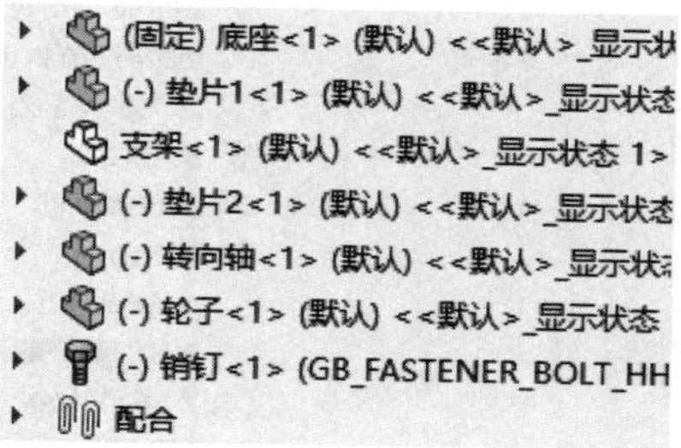

图 7-91　隐藏支架后的 FeatureManager 设计树

7.6.2　零部件压缩状态的切换

在某段设计时间内，可以将某些零部件设置为压缩状态，这样可以减少工作时装入和计算的数据量，装配体的显示和重建会更快，可以更有效地利用系统资源。

装配体零部件共有 3 种压缩状态：

（1）还原：使装配体中的零部件处于正常显示状态，还原的零部件会完全装入内存，可以使用所有功能并可以完全访问。常用设置还原状态的方法是使用右键快捷菜单，操作步骤如下：

1）选择需要还原的零件。在 FeatureManager 设计树中右击被压缩的零件，此时系统弹出如图 7-92 所示的系统快捷菜单 1。

2）设置为还原状态。在在"FeatureManager 设计树"中，右击被轻化的零件，此时系统弹出如图 7-92 右图所示的系统快捷菜单 1。在其中单击"设定为还原"选项，则所选的零部件将处于正常的显示状态。

（2）压缩：可以使零件暂时从装配体中消失。由于处在压缩状态的零件不再装入内存，所以装入速度、重建模型速度及显示性能均有提高，减少了装配体的复杂程度，提高了计算机的运行速度。

被压缩的零部件不等同于该零部件被删除，它的相关数据仍然保存在内存中，只是不参与运算而已，它可以通过设置很方便地调入装配体中。

被压缩零部件包含的配合关系也被压缩，因此装配体中的零部件的位置可能变为欠定义。当恢复零部件显示时，配合关系可能会发生矛盾，因此在生成模型时要小心使用压缩状态。

常用设置压缩状态的方法是使用右键快捷菜单，操作步骤如下：

1）选择需要压缩的零件。在 FeatureManager 设计树中或者图形区域中右击需要压缩的零

件，此时系统弹出如图 7-93 所示的系统快捷菜单 2。

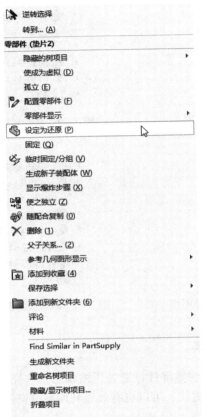

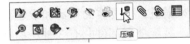

图 7-92 系统快捷菜单 1　　　　　　　图 7-93 系统快捷菜单 2

2）设置为压缩状态。在快捷菜单中单击"压缩"选项，则所选的零部件将处于压缩状态。

（3）轻化：当零部件为轻化时，只有部分零件模型数据装入内存，其余的模型数据根据需要装入，这样可以显著提高大型装配体的性能。使用轻化的零部件装入装配体比使用完全还原的零部件装入同一装配体速度更快。因为需要计算的数据比较少，所以包含轻化零部件的装配体重建速度也更快。

常用设置轻化状态的方法是使用右键快捷菜单，操作步骤如下：

1）选择需要轻化的零件。在 FeatureManager 设计树中或者图形区域中，右击需要轻化的零件，此时系统弹出如图 7-94 所示的系统快捷菜单。

2）设置为轻化状态。在快捷菜单中单击"设定为轻化"选项，则所选的零部件将处于轻化的显示状态。

图 7-95 所示为将图 7-88 中的"脚轮 4（支架）"零件设置为轻化状态后的装配体图形，图 7-96 所示为其 FeatureManager 设计树。

对比图 7-88 和图 7-95 可以得知，轻化后的零件并不从装配图中消失，只是减少了该零件装入内存中的模型数据。

图 7-94　快捷菜单　　　图 7-95　轻化后的装配体　　图 7-96　轻化后的 FeatureManager 设计树

7.7　综合实例

7.7.1　卡簧的创建及装配

　　卡簧通常用于电器的开关中，当按下按钮时，内部的挂接机构搭上，再次按下按钮松开，即可实现开和关的操作。

　　本节绘制的卡簧装配体如图 7-97 所示。

　　首先绘制按钮、弹簧和限位罗圈的零件图，然后创建一个装配体文件，把前面绘制的零件依次插入该文件中，最后添加配合关系并调整视图方向。绘制卡簧的操作流程如图 7-98 所示。

图 7-97　卡簧装配体

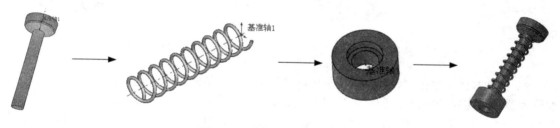

图 7-98　绘制卡簧的操作流程

1. 绘制按钮

1）新建文件。启动 SOLIDWORKS 2024，在菜单栏中选择"文件"→"新建"命令，或者单击快速访问工具栏中的"新建"按钮，在打开的"新建 SOLIDWORKS 文件"对话框中选择"零件"图标，单击"确定"按钮。

2）新建草图。在 FeatureManager 设计树中选择"上视基准面"，单击"草图"选项卡中的"草图绘制"按钮，新建一张草图。单击"草图"选项卡中的"圆"按钮，以原点为中心绘制直径为 40mm 的圆。

3）拉伸实体。在菜单栏中选择"插入"→"凸台 / 基体"→"拉伸"命令，或者单击"特征"选项卡中的"拉伸凸台 / 基体"按钮，在"凸台 - 拉伸"属性管理器中设定拉伸的终止条件为"给定深度"，在微调框中设置拉伸深度为 10mm，设置拔模角度为 4 度，其他选项保持系统的默认值不变，单击"确定"按钮，完成按钮的创建，如图 7-99 所示。

4）新建草图。选择 10mm 凸台的下表面，单击"草图"选项卡中的"草图绘制"按钮，新建一张草图。单击"草图"选项卡中的"圆"按钮，以原点为中心绘制一个直径为 36mm 的圆。

5）拉伸实体。单击"特征"选项卡中的"拉伸凸台 / 基体"按钮，在"凸台 - 拉伸"属性管理器中设定拉伸的终止条件为"给定深度"，在微调框中设置拉伸深度为 2mm，其他选项保持系统的默认值不变，单击"确定"按钮，完成拉伸基体的创建，如图 7-100 所示。

6）新建草图。选择 2mm 凸台的下表面，单击"草图"选项卡中的"草图绘制"按钮，新建一张草图。

7）投影。在菜单栏中选择"工具"→"草图工具"→"转换实体引用"命令，或者单击"草图"选项卡中的"转换实体引用"按钮，将凸台的圆形外轮廓投影到当前草图绘制平面。

图 7-99　生成按钮基体

图 7-100　拉伸基体

8）拉伸基体。单击"特征"选项卡中的"拉伸凸台 / 基体"按钮，在"凸台 - 拉伸"属性管理器中设定拉伸的终止条件为"给定深度"，在微调框中设置拉伸深度为 4mm，设置拔模角度为 70 度，其他选项保持系统的默认值不变，单击"确定"按钮，完成拉伸基体的创建，如图 7-101 所示。

9）新建草图。选择最底下平面作为工作表面，单击"草图"选项卡中的"草图绘制"按钮，新建一张草图。单击"草图"选项卡中的"转换实体引用"按钮，将圆形外轮廓投影到当前草图绘制平面。

10）拉伸。单击"特征"选项卡中的"拉伸凸台/基体"按钮，在"凸台-拉伸"属性管理器中设定拉伸的终止条件为"给定深度"。在微调框中设置拉伸深度为100mm，其他选项保持系统的默认值不变，单击"确定"按钮，完成按钮连杆的创建，如图7-102所示。

图 7-101　拉伸基体

图 7-102　创建按钮连杆

11）新建基准轴。在菜单栏中选择"插入"→"参考几何体"→"基准轴"命令，或者单击"特征"选项卡"参考几何体"下拉列表中的"基准轴"按钮。在"基准轴"属性管理器上选择"点和面/基准面"按钮，选择原点和按钮顶面，单击"确定"按钮，生成基准轴，如图7-103所示。

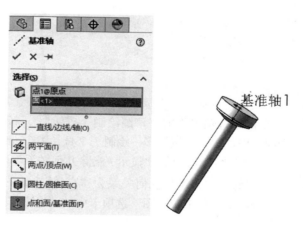

图 7-103　生成基准轴

12）完成卡簧按钮的建模。单击快速访问工具栏中的"保存"按钮，将文件保存为

"卡簧按钮 .sldprt"。

2. 绘制弹簧

1）新建文件。在菜单栏中选择"文件"→"新建"命令，或者单击快速访问工具栏中的"新建"按钮，在打开的"新建 SOLIDWORKS 文件"对话框中选择"零件"图标，单击"确定"按钮。

2）新建草图。在 FeatureManager 设计树中选择"上视基准面"，单击"草图"选项卡中的"草图绘制"按钮，新建一张草图。在菜单栏中选择"工具"→"草图绘制实体"→"圆"命令，或者单击"草图"选项卡中的"圆"按钮，以原点为中心绘制一个直径为 20mm 的圆。

3）绘制螺旋线。在菜单栏中选择"插入"→"曲线"→"螺旋线/涡状线"命令，或者单击"特征"选项卡"曲线"下拉列表中的"螺旋线/涡状线"按钮，在"螺旋线/涡状线"属性管理器中设置高度为 100mm，圈数为 10，起始角度为 0 度，其他选项如图 7-104 所示。单击"确定"按钮，生成螺旋线。

4）建立基准面。在菜单栏中选择"插入"→"参考几何体"→"基准面"命令，或者单击"特征"选项卡"参考几何体"下拉列表中的"基准面"按钮。在属性管理器中选择螺旋线本身和起点为参考实体，如图 7-105 所示。单击"确定"按钮，完成基准面的创建，系统默认该基准面为"基准面 1"。

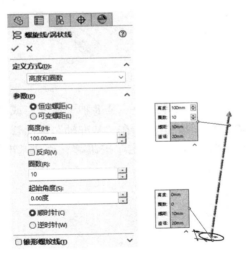

图 7-104　设置螺旋线参数

图 7-105　设置基准面

5）新建草图。单击"草图"选项卡中的"草图绘制"按钮，新建一张草图。选择"基准面 1"，单击"草图"选项卡中的"圆"按钮，绘制一个直径为 2mm 的圆。

6）添加几何关系。单击"草图"选项卡"显示/删除几何关系"下拉列表中的"添加几何关系"按钮，选择圆心和螺旋线，添加几何关系为"穿透"，如图 7-106 所示。单击"确定"按钮，完成几何关系的添加。单击"草图"选项卡中的"退出草图"按钮，退出草图绘制。

7）扫描轮廓。在菜单栏中选择"插入"→"凸台/基体"→"扫描"命令，或者单击"特征"选项卡中的"扫描"按钮，选择步骤 2）～ 6）绘制的圆为扫描轮廓，以螺旋线为扫描路径，单击"确定"按钮 ✔，完成弹簧的创建，如图 7-107 所示。

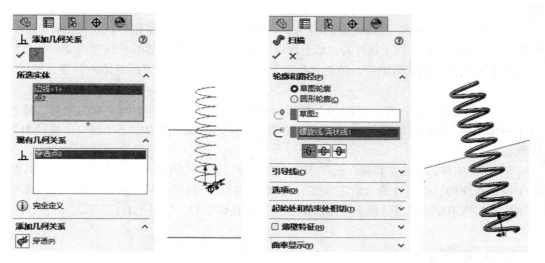

图 7-106　添加几何关系　　　　　　　　　图 7-107　创建弹簧

8）新建基准轴。单击"特征"选项卡"参考几何体"下拉列表中的"基准轴"按钮 🖊，在"基准轴"属性管理器中单击"两平面"按钮 🖾，选择 FeatureManager 设计树中的"前视基准面"和"右视基准面"，如图 7-108 所示，单击"确定"按钮 ✔，生成基准轴。

9）单击快速访问工具栏中的"保存"按钮 🖫，将零件保存为"弹簧 .sldprt"。绘制的弹簧如图 7-109 所示。

图 7-108　"基准轴"属性管理器

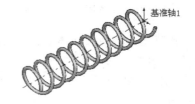

图 7-109　弹簧

3. 绘制限位罗圈

1）新建文件。在菜单栏中选择"文件"→"新建"命令，或者单击快速访问工具栏中的"新建"按钮 🗋，在弹出的"新建 SOLIDWORKS 文件"对话框中，选择"零件"图标，单击"确定"按钮。

2）新建草图。在 FeatureManager 设计树中选择上视基准面，单击"草图"选项卡中的"草图绘制"按钮 🖿，新建一张草图。

3）绘制圆。单击"草图"选项卡中的"圆"按钮⊙，以原点为中心绘制一个直径为 40mm 的圆。

4）拉伸实体。单击"特征"选项卡中的"拉伸凸台 / 基体"按钮⑩，在"凸台 - 拉伸"属性管理器中设定拉伸的终止条件为"给定深度"，在⑥微调框中设置拉伸深度为 20mm，方向向下，其他选项保持默认值不变，单击"确定"按钮✔，完成限位罗圈基体的创建，如图 7-110 所示。

5）新建草图。选择限位罗圈的上表面，单击"草图"选项卡中的"草图绘制"按钮□，新建一张草图。单击"草图"选项卡中的"圆"按钮⊙，以原点为中心绘制一个直径为 22mm 的圆。

6）切除实体。单击"特征"选项卡中的"拉伸切除"按钮⑩，在"切除 - 拉伸"属性管理器中设定拉伸的终止条件为"给定深度"，在⑥微调框中设置拉伸深度为 6mm，其他选项保持系统的默认值不变，单击"确定"按钮✔，生成圆柱体空腔，如图 7-111 所示。

图 7-110　生成限位罗圈基体　　　　　　　图 7-111　生成圆柱体空腔

7）新建草图。选择圆柱体空腔的底面作为工作平面，单击"草图"选项卡中的"草图绘制"按钮□，新建一张草图。

8）绘制圆。单击"草图"选项卡中的"圆"按钮⊙，以原点为中心绘制一个直径为 16.5mm 的圆。

9）切除实体。单击"特征"选项卡中的"拉伸切除"按钮⑩，在"凸台 - 拉伸"属性管理器中设定拉伸的终止条件为"完全贯穿"，单击"确定"按钮✔，生成限位孔，如图 7-112 所示。

10）建立基准轴。在菜单栏中选择"插入"→"参考几何体"→"基准轴"命令，或者单击"特征"选项卡"参考几何体"下拉列表中的"基准轴"按钮✔，在"基准轴"属性管理器中单击点和面按钮⊠，选择原点和圆柱体空腔底面，单击"确定"按钮✔，生成基准轴，如图 7-113 所示。

图 7-112　生成限位孔　　　　　　　　　　　　图 7-113　生成基准轴

11）单击快速访问工具栏中的"保存"按钮 ⊟，将零件保存为"限位罗圈 .sldprt"。绘制的限位罗圈如图 7-114 所示。

4. 装配卡簧

1）新建文件。在菜单栏中选择"文件"→"新建"命令，或者单击快速访问工具栏中的"新建"按钮 ，在弹出的"新建 SOLIDWORKS 文件"对话框中，选择"装配体"按钮，单击"确定"按钮。

2）窗口左侧的 PropertyManager 设计树中出现如图 7-115 的对话框。

3）导入第一个零件。单击"浏览"按钮，浏览到"卡簧按钮 .sldprt"。在窗口单击，插入卡簧按钮，如图 7-116 所示。默认情况下，装配体中的第一个零件被固定。

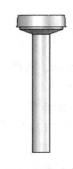

图 7-114　限位罗圈　　　图 7-115　"开始装配体"对话框　　　图 7-116　插入卡簧按钮

4）插入零件。单击"装配体"选项卡中的"插入零部件"按钮🗗，分别将弹簧和限位罗圈插入装配体中，单击"视图（前导）"工具栏"视图定向"下拉列表中的"等轴测"按钮🗐，以等轴测视图观看模型，如图 7-117 所示。

5）选择"视图"→"隐藏 / 显示"→"基准轴"命令，显示基准轴。

6）选择配合类型。在菜单栏中选择"插入"→"配合"命令，或者单击"装配体"选项卡中的"配合"按钮🖉，选择弹簧的基准轴和卡簧按钮的基准轴，选择配合类型为"重合"，如图 7-118 所示。单击"确定"按钮✔，添加配合关系。

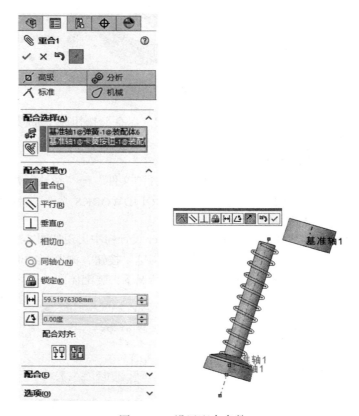

图 7-117　插入零件　　　　　　　　　　　　图 7-118　设置配合参数

7）选择配合类型。单击"装配体"选项卡中的"配合"按钮🖉，选择限位罗圈的环状表面和按钮的底面，选择配合类型为"重合"，如图 7-119 所示。单击"确定"按钮✔，添加配合关系。

8）选择配合类型。分别选择限位罗圈的基准轴和卡簧按钮的基准轴，选择配合类型为"重合"，如图 7-120 所示。

9）保存。单击快速访问工具栏中的"保存"按钮🖫，将装配体文件保存为"卡簧 .sldasm"。绘制的卡簧如图 7-121 所示。

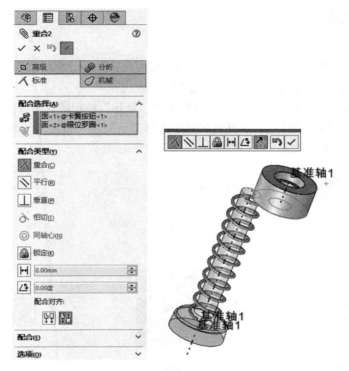

图 7-119　设置配合参数

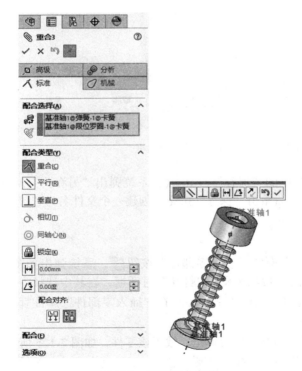

图 7-120　设置配合参数

图 7-121　卡簧

7.7.2 传动体装配

1. 创建装配体文件

1）启动软件。在菜单栏中选择"开始"→"所有应用"→"SOLIDWORKS 2024"命令，或者单击桌面按钮，启动 SOLIDWORKS 2024。

2）创建装配体文件。单击快速访问工具栏中的"新建"按钮，系统弹出如图 7-122 所示的"新建 SOLIDWORKS 文件"对话框，在其中选择"装配体"按钮，然后单击"确定"按钮，创建一个新的装配体文件。

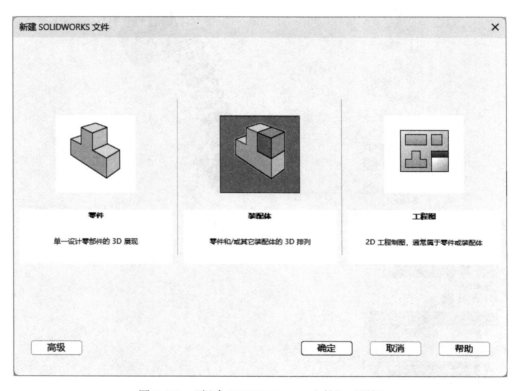

图 7-122 "新建 SOLIDWORKS 文件"对话框

3）保存文件。单击快速访问工具栏中的"保存"按钮，系统弹出"另存为"对话框。在"文件名"栏中输入"传动装配体"，然后单击"保存"按钮，创建一个文件名为"传动装配体"的装配体文件。

2. 插入基座

1）选择零件。单击"装配体"选项卡中的"插入零部件"按钮，系统弹出如图 7-123 所示的"插入零部件"属性管理器和如图 7-124 所示的"打开"对话框，在其中选择需要的零部件（即基座），单击"打开"按钮，此时所选的零部件显示在"插入零部件"属性管理器的"打开文档"栏中，并出现在视图区域中。

2）确定插入零件位置。在视图区域中适当的位置单击，放置该零件，如图 7-125 所示。

3）设置视图方向。单击"视图（前导）"工具栏"视图定向"下拉列表中的"等轴测"按钮，将视图以等轴测方向显示，结果如图 7-126 所示。

图 7-123 "插入零部件"属性管理器

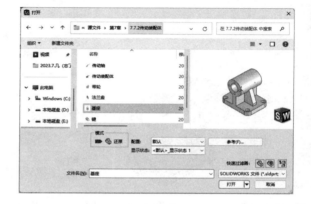

图 7-124 "打开"对话框

图 7-125 放置的零件

图 7-126 等轴测视图

3. 插入传动轴

1）插入零件。单击"装配体"选项卡中的"插入零部件"按钮，插入传动轴（具体步骤可以参考前面的介绍）。将传动轴插入到图中合适的位置，结果如图 7-127 所示。

2）添加配合关系。在菜单栏中选择"插入"→"配合"命令，或者单击"装配体"选项卡中的"配合"按钮，系统弹出"配合"属性管理器。选择图 7-127 中的面 1 和面 4，属性管理器自动选择"同轴心"按钮，"配合"属性管理器将变为"同心 1"属性管理器，如图 7-128 所示，将面 1 和面 4 添加为"同轴心"配合关系，然后单击属性管理器中的"确定"按钮。重复此命令，将图 7-127 中的面 2 和面 3 添加距离为 5mm 的配合关系，注意轴在轴套的内侧，结果如图 7-129 所示。

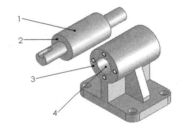

图 7-127　插入传动轴后的视图　　图 7-128　"同心 1"属性管理器　　图 7-129　配合后的视图

4. 插入法兰盘

1）插入零件。单击"装配体"选项卡中的"插入零部件"按钮，插入法兰盘（具体步骤可以参考前面的介绍）。将法兰盘插入到图中合适的位置，结果如图 7-130 所示。

2）添加配合关系。单击"装配体"选项卡中的"配合"按钮，将图 7-130 中的面 1 和面 2 添加为"重合"几何关系，注意配合方向为"反向对齐"模式，结果如图 7-131 所示。重复配合命令，将图 7-131 中的面 1 和面 2 添加为"同轴心"配合关系，结果如图 7-132 所示。

3）插入另一端法兰盘。重复步骤 1）、2），插入基座另一端的法兰盘，结果如图 7-133 所示。

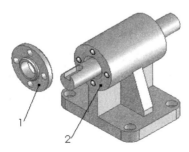

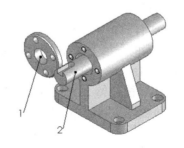

图 7-130　插入法兰盘后的视图　　　　　　图 7-131　重合配合后的视图

图 7-132　同轴心配合后的视图

图 7-133　插入另一端法兰盘后的视图

5. 插入键

1）插入零件。单击"装配体"选项卡中的"插入零部件"按钮📂，插入键（具体步骤可以参考前面的介绍）。将键插入到图中合适的位置，结果如图 7-134 所示。

2）添加配合关系。单击"装配体"选项卡中的"配合"按钮✎，将图 7-134 中的面 1 和面 2、面 3 和面 4 添加为"重合"几何关系，结果如图 7-135 所示。

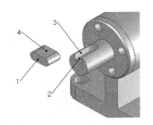

图 7-134　插入键后的视图

图 7-135　重合配合后的视图

3）设置视图方向。按住鼠标右键拖动，旋转视图，将视图以合适的方向显示，结果如图 7-136 所示。

4）添加配合关系。单击"装配体"选项卡中的"配合"按钮✎，将图 7-136 中的面 1 和面 2 添加为"同轴心"几何关系。

5）设置视图方向。单击"视图（前导）"工具栏"视图定向"下拉列表中的"等轴测"按钮📦，将视图以等轴测方向显示，结果如图 7-137 所示。

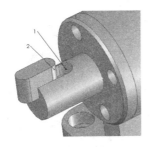

图 7-136　设置方向后的视图

图 7-137　等轴测视图

6. 插入带轮

1）插入零件。单击"装配体"选项卡中的"插入零部件"按钮📂，插入带轮（具体步骤可以参考前面的介绍）。将带轮插入到图中合适的位置，结果如图 7-138 所示。

2）添加配合关系。单击"装配体"选项卡中的"配合"按钮，将图 7-138 中的面 1 和面 2 添加为"重合"几何关系，注意配合方向为"反向对齐"模式，结果如图 7-139 所示。重复配合命令，将图 7-139 中的面 1 和面 2 添加为"重合"几何关系，注意配合方向为"反向对齐"模式，结果如图 7-140 所示。

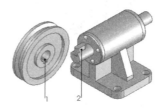

图 7-138　插入带轮后的视图

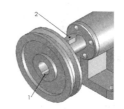

图 7-139　重合配合后的图形

3）设置视图方向。按住鼠标右键拖动，旋转视图，将视图以合适的方向显示，结果如图 7-141 所示。

图 7-140　重合配合后的图形

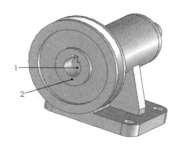

图 7-141　设置方向后的视图

4）添加配合关系。单击"装配体"选项卡中的"配合"按钮，将图 7-141 中的面 1 和面 2 添加为"重合"几何关系。

5）设置视图方向。单击"视图（前导）"工具栏"视图定向"下拉列表中的"等轴测"按钮，将视图以等轴测方向显示，结果如图 7-142 所示。至此，装配体装配完毕，装配体的 FeatureManager 设计树如图 7-143 所示，配合关系列表如图 7-144 所示。

图 7-142　完整的装配体

图 7-143　装配体的 FeatureManager 设计树

7. 装配体性能评估

执行装配体统计命令。选择菜单栏中的"工具"→"评估"→"性能评估"命令，系统弹出如图 7-145 所示的"性能评估"对话框，其中显示了该装配体的统计信息。

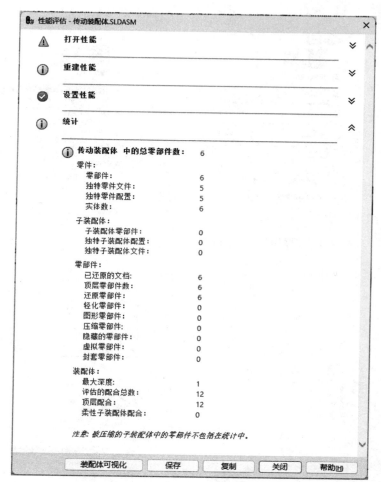

图 7-144　装配体的配合关系列表

图 7-145　"性能评估"对话框

8. 爆炸视图

1）执行爆炸命令。单击"装配体"选项卡中的"爆炸视图"按钮 🧩，系统弹出如图 7-146 所示的"爆炸"属性管理器。

2）爆炸带轮。在"添加阶梯"选项组中的"爆炸步骤零部件" 🧩 栏中，选择视图中或者装配体 FeatureManager 设计树中的"带轮"零件，按照图 7-147 所示进行设置，单击"添加阶梯"按钮，对"带轮"零件的爆炸完成，并形成"爆炸步骤 1"，结果如图 7-148 所示。

3）爆炸键。在"添加阶梯"选项组中的"爆炸步骤零部件" 🧩 栏中，选择视图中或者装配体 FeatureManager 设计树中的"键"零件，单击视图中显示爆炸方向坐标的竖直向上方向，按照图 7-149 所示对爆炸零件进行设置，然后单击"添加阶梯"按钮，对"键"零件的爆炸完

成，并形成"爆炸步骤2"，结果如图7-150所示。

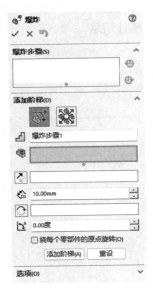

图7-146 "爆炸"属性管理器

图7-147 爆炸设置

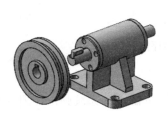

图7-148 爆炸带轮

图7-149 爆炸设置

4）爆炸法兰盘1。在"添加阶梯"选项组中的"爆炸步骤零部件"栏中，选择视图中或者装配体FeatureManager设计树中的"法兰盘1"零件，单击视图中显示爆炸方向坐标的向左侧方向，按照图7-151所示进行设置后，单击"添加阶梯"按钮，对"法兰盘1"零件的爆炸完成，并形成"爆炸步骤3"，结果如图7-152所示。

图 7-150　爆炸键

图 7-151　爆炸设置

5）设置爆炸方向。在"添加阶梯"选项组中的"爆炸步骤零部件"  栏中，选择步骤 4）爆炸的法兰盘 1，单击视图中显示爆炸方向坐标的竖直向上方向，按照图 7-153 所示进行设置后，单击"添加阶梯"按钮，对"法兰盘 1"零件的爆炸完成，并形成"爆炸步骤 4"，结果如图 7-154 所示。

图 7-152　爆炸法兰盘

图 7-153　爆炸设置

图 7-154　爆炸法兰盘 1

6）爆炸法兰盘 2。在"添加阶梯"选项组中的"爆炸步骤零部件" 栏中，选择视图中或者装配体 FeatureManager 设计树中的"法兰盘 2"零件，单击视图中显示爆炸方向坐标的竖直向上的方向，按照图 7-155 所示进行设置后，单击"添加阶梯"按钮，对"法兰盘 2"零件的爆炸完成，并形成"爆炸步骤 5"，结果如图 7-156 所示。

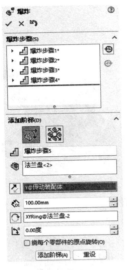

图 7-155　爆炸设置

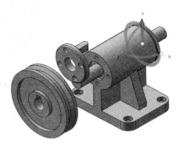

图 7-156　爆炸法兰盘 2

7）爆炸传动轴。在"添加阶梯"选项组中的"爆炸步骤零部件" 栏中，选择视图中或者装配体 FeatureManager 设计树中的"传动轴"零件，单击视图中显示爆炸方向坐标的向左侧的方向，并单击"爆炸方向"栏前面的"反向"按钮图标，调整爆炸的方向。按照图 7-157 所示进行爆炸设置后，单击"添加阶梯"按钮，对"传动轴"零件的爆炸完成，并形成"爆炸步骤 6"，结果如图 7-158 所示。单击"确定"按钮，完成传动装配体爆炸视图的创建。

图 7-157　爆炸设置

图 7-158　爆炸后的视图

7.8　上机操作

通过前面的学习，读者对本章知识已有了大致的了解。本节将通过如图 7-159 所示的装配盒子练习，使读者进一步掌握本章的知识要点。

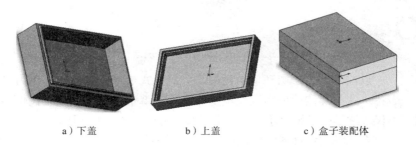

a）下盖　　　　　　　　b）上盖　　　　　　　　c）盒子装配体

图 7-159　装配盒子

⚠ 操作提示：

1）导入文件。新建一个装配体文件，然后导入下盖文件和上盖文件，完成后如图 7-160 所示。

2）装配。按照盒子形状选择配合的面和边线，完成装配，结果如图 7-159c 所示。

3）零件透明显示。在 FeatureManager 设计树中选择下盖并右击，在弹出的快捷菜单中选择"零部件属性"，编辑零件颜色属性，然后对上盖进行相同操作，结果如图 7-161 所示。

图 7-160　导入完成的模型

图 7-161　零件透明显示

第 8 章　工程图设计

导读

以前的手工绘图环境中，最简单的方式是将三维物体简化为二维方式来表达。这的确能使表达过程本身的难度降低很多，但也是有代价的。工程图不仅表达设计思想，还有组织生产及检验最终产品的作用。

在无纸化设计的时代，设计工作这一活动本身变了，变得活动范围更大，手段更多，工程图设计在整个设计工作中的比重在下降，难度也在下降，更重要的是设计工作不再从工程制图开始而是从三维造型开始（这确实会省去烦琐的反复制图、改图、出图过程），这本身就是技术进步带来的好处。

学 习 要 点

◎ 工程图概述

◎ 建立工程视图

◎ 操纵视图

◎ 标注工程视图

8.1　工程图概述

工程图是为三维实体零件和装配体创建的二维的三视图、投影图、剖面视图、辅助视图和局部放大视图等。

8.1.1　新建工程图

工程图包含一个或者多个由零件或者装配体生成的视图。在生成工程图之前，必须先保存与它有关的零件或装配体。

【例 8-1】新建工程图。

1）新建文件。在菜单栏中选择"文件"→"新建"命令，或者单击快速访问工具栏中的"新建"按钮，系统弹出如图 8-1 所示的"新建 SOLIDWORKS 文件"对话框。

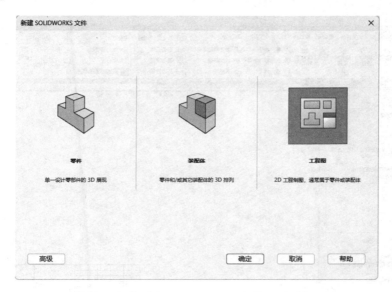

图 8-1　"新建 SOLIDWORKS 文件"对话框

2）选择工程图文件。在对话框中选择"工程图"按钮，系统弹出如图 8-2 所示的提示对话框，单击"确定"按钮。

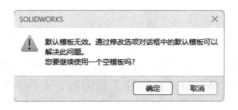

图 8-2　提示对话框

3）设置图纸格式。弹出如图 8-3 所示的"图纸格式/大小"对话框，选择需要的图纸格式，然后单击"确定"按钮。

进入工程图的工作界面，如图 8-4 所示。

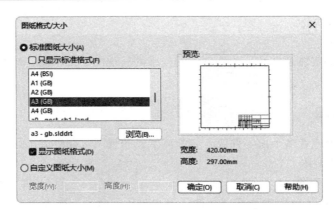

图 8-3　"图纸格式 / 大小"对话框

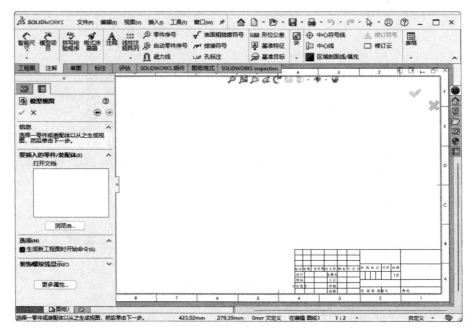

图 8-4　工程图工作界面

8.1.2　指定图纸格式

图纸格式包括图纸的大小、方向及图框的种类。通过设置图纸格式，可以设置需要的图纸边框与标题栏等内容。SOLIDWORKS 在创建工程图时，必须设置需要的图纸格式。SOLID-WORKS 提供了 3 种图纸格式。

1. 标准图纸格式

SOLIDWORKS 提供了 45 种标准图纸格式，每种图纸格式都包含了确定的图框与标题栏，用户可以根据需要选用。在选择图纸后，在"图纸格式 / 大小"右侧的"预览"栏中，可以查看图纸的预览效果及高度、宽度等。

2. 用户图纸格式

用户图纸格式是使用读者自行设置的图纸格式。单击"图纸格式 / 大小"对话框中的"浏览"按钮，系统弹出如图 8-5 所示的"打开"对话框，可以选择用户自行设置的图纸格式，设置用户图纸格式的方法将在 8.1.3 节中介绍。

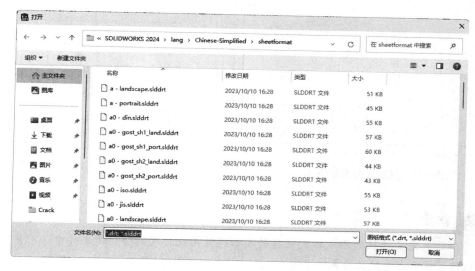

图 8-5 "打开"对话框

3. 无图纸格式

单击"图纸格式 / 大小"对话框中的"自定义图纸大小"复选框，在下面的"宽度"和"高度"对话框中输入设置的数值，如图 8-6 所示。该方式只能定义图纸的大小，没有图框和标题栏，是一张空白的图纸，在"预览"栏可以查看预览效果。

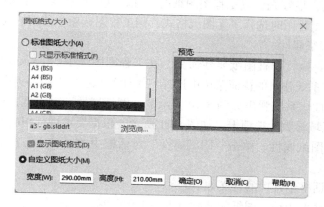

图 8-6 无图纸格式的设置

8.1.3 用户图纸格式

实际应用中，各单位的图纸格式往往不一样，所以用户需要设计符合自己的图纸格式，并将其存储，以后用到的时候，只要调用该图纸格式即可。图 8-7 所示为自定义的图纸格式，

图 8-8 所示为自定义的标题栏。

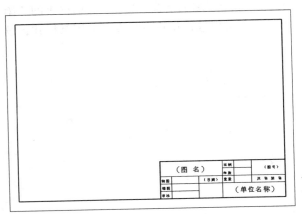

图 8-7 自定义的图纸格式

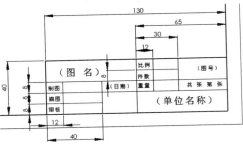

图 8-8   自定义的标题栏

 注意：

　　文件中的自定义属性随图纸格式保存并添加到使用此格式的任何新文件中。用户可以修改标准图纸格式或生成自定义格式。

8.1.4 设定图纸

　　绘制工程图前，应该对图纸进行相应的设置。设定图纸包括设置图纸属性和新增图纸两部分内容。

1. 设置图纸属性

　　在创建工程图前，最好先设置工程图图纸的属性，这样在加载工程图后，就可以得到正确的图纸。如果创建新工程图时选择了无图纸格式，则工程图选项中使用的为系统的默认值。

　　【例 8-2】设置图纸属性。

　　1）新建工程图。执行设置图纸属性命令。在工程图图纸中的 FeatureManager 设计树中右击"图纸"名称，在系统弹出的快捷菜单中选择"属性"选项，如图 8-9 所示。

　　2）设置图纸属性。系统弹出如图 8-10 所示的"图纸属性"对话框，根据需要进行相应的设置，然后选择"区域参数"选项卡，如图 8-11 所示，根据要求进行相应的设置。

　　3）确认设置的图纸属性。单击"图纸属性"对话框中的"确定"按钮，完成图纸属性的设置。

　　"图纸属性"对话框中各项的含义如下：

> 名称：在对话框中输入图纸的名称，创建工程图时，系统默认的名称为"图纸1"。
> 比例：为图纸的视图设置显示比例。
> 投影类型：设置标准三视图投影方式，有第一视角和第三视角两个选项。我国使用的视图投影为第三视角。
> 下一视图标号：指定将使用在下一个剖面视图或者局部视图的字母。
> 下一基准标号：指定要用作下一个基准特征符号的英文字母。

图 8-9 选择"属性"选项

图 8-10 "图纸属性"对话框

图 8-11 "区域参数"选项卡

"图纸格式/大小"用于指定标准图纸的大小或者自定义图纸的大小，各项的含义如下：

➤ 标准图纸大小：选择一标准图纸大小，或者单击"浏览"按钮找出自定义图纸格式的文件。如果对图纸格式做了更改，单击"重装"按钮可以返回到系统默认格式。

➤ 自定义图纸大小：指定一个自定义图纸的宽度和高度。

"区域参数"选项卡中各项的意义如下：

"区域大小"用于指定图纸的区域。

> 分布：设置区域的分布形式，有"距中心 50mm"和"平均大小"（几列，几行）可以选择。
> 区域：指定将使用软件的"边界"或"图纸"为这一区域。

"边界"用于指定标准图纸的边界或者自定义图纸的大小。

> 左视：可以设置左边距离图纸边界的距离。
> 右视：可以设置右边距离图纸边界的距离。
> 上部：可以设置上边距离图纸边界的距离。
> 下部：可以设置下边距离图纸边界的距离。

2. 新增图纸

在工程图中可以添加图纸，也就是说一个工程图中可以包含多张图纸，就像 Excel 文件中可以包含多个文件页一样。新增图纸的操作步骤如下：

1）执行添加图纸命令。在菜单栏中选择"插入"→"图纸"命令，或者右击左侧的"图纸"名称，系统弹出如图 8-12 所示的快捷菜单，或者右击绘制区域，系统弹出如图 8-12 所示的快捷菜单。在其中选择"添加图纸"选项。

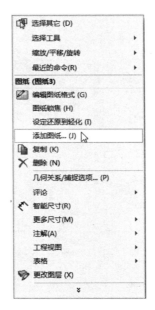

图 8-12 快捷菜单

2）创建新图纸。新图纸添加完毕后，在特征管理器中会添加一个新的图纸，如图 8-13 所示。在绘图区域的下面也会出现新添加的图纸标签，如图 8-14 所示。

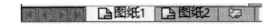

图 8-13 添加图纸后的特征管理器   图 8-14 添加图纸后的图纸标签

8.1.5　图纸操作

一个工程图中存在多个图纸，需要对图纸进行操作。图纸操作包含以下几项。

1. 查看另一张图纸

查看或者编辑图纸时，需要激活该图纸。SOLIDWORKS 提供了两种激活图纸的方法：

1）图纸标签方式。单击绘图区域下面需要的图纸标签，即可激活需要查看和编辑的图纸。

2）快捷菜单方式。右击 FeatureManager 设计树中的图纸图标，然后在弹出的快捷菜单中选择"激活"即可，如图 8-15 所示。

2. 调整图纸顺序

在实际应用中，有时候需要调整图纸的顺序。在特征管理器中，用光标拖动需要调整的图纸，将其放置到需要的顺序即可。图 8-16a 所示为调整时的特征管理器，图 8-16b 所示为调整后的特征管理器。

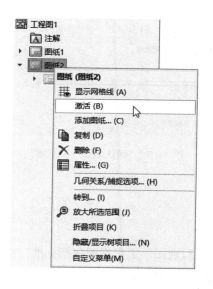

a）调整时的特征管理器　　b）调整后的特征管理器

图 8-15　快捷菜单　　　　　　图 8-16　调整图纸顺序

 注意：

在调整图纸顺序时，在拖动到需要放置的位置后，当出现一个插入箭头↵时，才可松开鼠标。

3. 重新命名图纸

重新命名图纸有三种方式：

1）特征管理器方式。右击特征管理器中需要重新命名的图纸的按钮，在系统弹出的快捷菜单中选择"属性"选项，系统弹出"图纸属性"对话框，在"名称"栏中输入需要的图纸名称即可。

2）快捷键方式。单击 FeatureManager 设计树中的图纸图标，然后按快捷键 F2，图纸图标被激活，在其中输入需要的图纸名称即可。

3）标签方式。右击绘制区域下面的图纸标签，在系统弹出的快捷菜单中选择"属性"选项，如图 8-17 所示。此时系统弹出"图纸属性"对话框，在"名称"栏中输入需要的图纸名称即可。

 注意：

在同一工程图文件中不能包含相同名称的图纸。

4. 删除图纸

在工程图中，如果有不需要的图纸文件，可以把该图纸删除。

在特征管理器中，右击需要删除的图纸图标，在系统弹出的快捷菜单中选择"删除"选项，系统弹出如图 8-18 所示的"确认删除"对话框，单击其中的"是"按钮即可将该图纸删除。

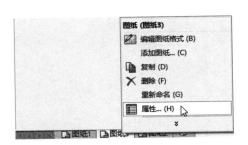

图 8-17　标签方式

图 8-18　"确认删除"对话框

8.2　建立工程视图

完成了图纸的相关的设定后，就可以建立格式的工程视图。工程视图包括标准三视图、命名视图、投影视图、剖面视图、裁剪视图、旋转剖面视图、辅助视图以及局部视图等。

8.2.1　标准三视图

标准三视图是由零件建立的，它能为所显示的零件或装配体同时生成三个相关的默认正交视图。在通过实体零件和装配体建立的工程图中，零件、装配体和工程图文件是相互关联的，对零件或装配体所做的任何更改都会导致工程图文件的相应变更。

如要改变主视图的投射方向，可在零件图中按视图定向的方法改变其前视的方向。SOLID-WORKS 生成标准三视图的方法有多种，下面介绍常用的两种方法。

1. 打开零件或装配体模型文件，创建标准三视图

【例 8-3】利用标准方法生成标准三视图的操作步骤为：

1）打开零件或装配体文件，或打开包含所需模型视图的工程图文件。

2）新建一张工程图，并设定所需的图纸格式，或调用预先做好的图纸格式模板。

3）单击"工程图"选项卡中的"标准三视图"按钮，此时光标变为形状。

4）单击"确定"按钮，完成标准三视图的创建，如图 8-19 所示。

2. 不打开零件或装配体模型文件，生成标准三视图

1）新建一张工程图。

2）单击"工程图"选项卡中的"标准三视图"按钮。

3）在弹出的"标准三视图"属性管理器中，单击"浏览"按钮。

4）在弹出的"打开"对话框中浏览所需的模型文件，单击"打开"按钮，标准三视图便会放置在图形区域中。

8.2.2 投影视图

图 8-19　标准三视图

【例 8-4】生成投影视图。

1）打开电子资料文件中 / 源文件 / 第 8 章 / 例 8-4-1 文件，选择要生成投影视图的现有视图。

2）单击"工程图"选项卡中的"投影视图"按钮，或在菜单栏中选择"插入"→"工程图视图"→"投影视图"命令。

3）如果要选择投影的方向，可将光标移动到所选视图的相应一侧。当移动光标时，如果选择了拖动工程图视图时显示其内容，则视图的预览也被显示，同时可控制视图的对齐。

4）当光标放在被选视图的左边、右边、上面或下面时，可得到不同的投影视图。按所需投影方向，将光标移到所选视图的相应一侧，在适当的位置单击，即可生成投影视图。

生成的投影视图如图 8-20 所示。

当在工程图中生成投影视图，或选择一现有投影视图时，会出现如图 8-21 所示的"投影视图"属性管理器，其各选项含义如下：

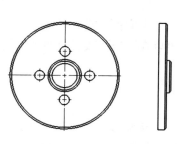

图 8-20　投影视图

图 8-21　"投影视图"属性管理器

1）"箭头"选项板：

➢ "箭头"复选框：选择该复选框可以显示表示投影方向的视图箭头（或 ANSI 绘图标准中的箭头组）。

➢ ⚎（标号）选项：键入要随父视图和投影视图显示的文字。

2）"显示样式"选项板：

"使用父关系样式"复选框：勾选该复选框可以选取与父视图不同的样式和品质设定。

显示样式包括：⊞线架图、⊞隐藏线可见、☐消除隐藏线、▣带边线上色、▣上色。

用户可以选择高品质或草稿品质以设定模型的显示品质。

➢ 高品质：所有的模型信息都装入内存。

➢ 草稿品质：只有最小的模型信息才装入内存。

在用于轻化和分离的工程图中，有些边线可能看起来丢失，打印质量可能略受影响，这时可在草稿品质中不还原模型而标注视图注解。

3）"比例"选项板：为工程图视图选择一比例。

➢ "使用父关系比例"选项：选择该选项可以应用为父视图所使用的相同比例。如果更改父视图的比例，则所有使用父视图比例的子视图比例将更新。

➢ "使用图纸比例"选项：选择该选项可以应用为工程图所使用的相同比例。

➢ "使用自定义比例"选项：选择该选项可以应用自定义的比例。

4）"尺寸类型"选项板：

➢ 投影：2D 尺寸。

➢ 真实：精确模型值。

当插入一工程图视图时，尺寸类型即被设定，这时可以在"工程图视图"属性管理器中更改尺寸类型。

5）"装饰螺纹线显示"选项板：如果工程图视图中有装饰螺纹线，则以下设定将覆盖"工具"→"选项"→"文件属性"→"出详图"中的装饰螺纹线显示选项。

➢ 高品质：显示装饰螺纹线中的精确线型字体及剪裁。如果装饰螺纹线只部分可见，则高品质只显示可见的部分（会准确显示可见和不可见的内容）。

 注意：

系统性能在使用高品质装饰螺纹线时变慢，建议取消选择此选项，直到完成放置所有注解为止。

➢ 草稿品质：以更少细节显示装饰螺纹线。如果装饰螺纹线只部分可见，则草稿品质将显示整个特征。

6）"更多属性"按钮（该选项在图 8-21 中未显示）：在生成视图或选择现有视图后，可单击"更多属性"按钮来打开工程视图属性对话框。此时可以在这里更改材料明细栏信息，显示隐藏的边线等。

 注意：

投影视图也可以不按对齐位置放置，即生成向视图。不按投影位置放置的视图，机械制图标准规定应添加标注，关于添加标注的内容将在后面的章节中进行介绍。

8.2.3　辅助视图

辅助视图的用途相当于机械制图中的斜视图，用来表达机件的倾斜结构。类似于投影视图，是垂直于现有视图中参考边线的正投影视图，但参考边线不能水平或竖直，否则生成的就是投影视图。

1. 生成辅助视图

【例 8-5】生成辅助视图。

1）打开电子资料文件中 / 源文件 / 第 8 章 / 例 8-5-1 文件。选择非水平或非竖直的参考边线。参考边线可以是零件的边线、侧影轮廓线（转向轮廓线）、轴线或所绘制的直线。如果绘制直线，应先激活工程视图。

 注意：

辅助视图在 FeatureManager 设计树中零件的剖面视图或局部视图的实体中不可使用。

2）单击"工程图"选项卡中的"辅助视图"按钮 ，或在菜单栏中选择"插入"→"工程视图"→"辅助视图"命令，光标变为 形状，并显示视图的预览框。

3）移动光标，当视图处于所需位置时，单击以放置视图。如果有必要，可编辑视图标号并更改视图的方向。

如果使用了绘制的直线来生成辅助视图，草图将被吸收，这样就不能将之删除。当编辑草图时，还可以删除草图实体。

图 8-22 所示为在主视图中的角度边线被选用展开的辅助视图。它可以是在右下角或右上角，并带有名为 A、B 的视图箭头。

2. 辅助视图属性

当在工程图中生成新的辅助视图，或当选择一现有辅助视图时，会出现如图 8-23 所示的"辅助视图"属性管理器，其内容与投影视图中的内容相同，这里不再做详细的介绍。

8.2.4　剪裁视图

剪裁视图是在现有视图中剪去不必要的部分，使得视图所表达的内容既简练又突出重点。

1. 生成剪裁视图

1）激活需要剪裁的视图。

2）用草图绘制工具绘制封闭轮廓，如圆和封闭不规则的曲线等。

3）单击"工程图"选项卡中的"剪裁视图"按钮 ，或在菜单栏中选择"插入"→"工程图视图"→"剪裁视图"命令，剪裁封闭轮廓线以外的视图，生成剪裁视图，如图 8-24 所示。

 注意：

采用同样的方法，也可将的辅助视图生成剪裁视图。

2. 编辑剪裁视图

1）右击工程视图，在弹出的快捷菜单中选择"剪裁视图"→"编辑剪裁视图"命令，出现裁剪前的视图。

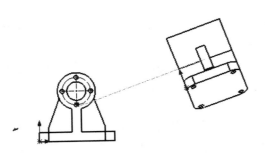

图 8-22　生成辅助视图　　　　图 8-23　"辅助视图"属性管理器

剖面 C-C　　　　剖面 C-C

图 8-24　生成剪裁视图

2）对绘制的封闭轮廓线进行编辑。

3）更新视图，则得到不同形状的剪裁视图。

3. 删除剪裁视图

1）右击视图，在弹出的快捷菜单中选择"剪裁视图"→"移除剪裁视图"命令，出现未裁剪前的视图。

2）选择封闭轮廓线，按 Delete 键，即可恢复视图原状。

8.2.5　局部视图

局部视图用来显示现有视图某一局部的形状，常用放大的视图来显示。

在实际应用中，可以通过在工程图中生成一个局部视图来显示一个视图的某个部分（通常是以放大比例显示）。此局部视图可以是正交视图、3D视图、剖面视图、裁剪视图、爆炸装配体视图或另一局部视图。

1. 生成局部视图

【例 8-6】生成局部视图。

1）打开电子资料文件中 / 源文件 / 第 8 章 / 例 8-6-1 文件。

2）单击"工程图"选项卡中的"局部视图"按钮 $\mathbb{C}$A，或在菜单栏中选择"插入"→"工程图视图"→"局部视图"命令，弹出"局部视图"属性管理器，在要放大的区域用草图绘制实体工具绘制一个封闭轮廓。

3）移动光标，显示视图的预览框。当视图位于所需位置时，单击以放置视图。最终生成的局部视图如图 8-25 所示。

 注意：

不能在透视图中生成模型的局部视图。

2. 局部视图属性

在工程图中生成新的局部视图或选择现有局部视图时，将出现如图 8-26 所示的"局部视图"属性管理器，其各选项的含义如下：

1）"局部视图图标"选项板：

"样式"选项：在该下拉列表框中选择局部视图图标的样式，有"依照标准""断裂圆""带引线""无引线""相连"5 种样式。

> 圆：若草图绘制成圆，有 5 种样式可供使用，即依照标准、断裂圆、带引线、无引线和相连。其中依照标准有 ISO、JIS、DIN、BSI、ANSI 几种，每种的标注形式也不相同，默认标准样式是 ISO。

要改变默认标准样式，可选择菜单栏中的"工具"→"选项"命令，在文件属性标签下，选择"出详图"，再从尺寸标注标准清单中单击要选用的标准代号。

> 轮廓：若草图绘制成其他封闭轮廓，如矩形和椭圆等，样式也有依照标准、断裂圆、带引线、无引线和相连 5 种，如果选择断裂圆，则封闭轮廓将变成圆。如果要将封闭轮廓改成圆，可选择"圆"选项，此时原轮廓被隐藏，而显示出圆。

> $\overset{A\text{-}}{A\text{-}}$（标号）选项：编辑与局部圆或局部视图相关的字母。

> 字体：如果要为局部圆标号选择文件字体以外的字体，取消选择"文件字体"复选框，然后单击"字体"按钮，将弹出"选择字体"对话框，将新的字体应用到局部视图名称。

2）"局部视图"选项板：

> 无轮廓：选择此选项，移除用于创建细节视图的轮廓。

> 完整外形：选择此复选框，局部视图轮廓外形会全部显示。

> 锯齿状轮廓：选择此选项，局部视图轮廓显示为锯齿状。

➤ 钉住位置：选择此选项，可以阻止父视图改变大小时局部视图移动。

➤ 缩放剖面线图样比例：选择此选项，可根据局部视图的比例来缩放剖面线图纸比例。

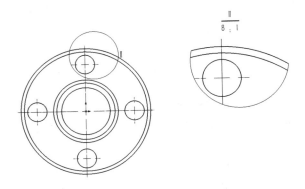

图 8-25 局部视图

图 8-26 "局部视图"属性管理器

"局部视图"属性管理器中其他各选项的含义与"投影视图"属性管理器中各选项的含义相同，这里不再赘述。

8.2.6 剖面视图

剖面视图用来表达机件的内部结构。生成剖面视图必须先在工程视图中绘出适当的剖切路径，在执行剖面视图命令时，系统依照指定的剖切路径产生对应的剖面视图。所绘制的剖切路径可以是一条直线段、相互平行的线段，还可以是圆弧。

1.生成剖面视图

【例 8-7】生成剖面视图。

1）打开电子资料文件中 / 源文件 / 第 8 章 / 例 8-7-1 文件。

2）单击"工程图"选项卡中的"剖面视图"按钮↕，或选择菜单栏中的"插入"→"工程图视图"→"剖面视图"命令。弹出"剖面视图辅助"属性管理器，如图 8-27 所示，在该属性管理器中选择"竖直"切割线类型。

3）将切割线放置在视图中要剖切的位置。系统会在垂直于剖切线的方向出现一个方框，表示剖面视图的大小。这时会弹出一个小的工具栏。单击"确定"按钮✔，左侧弹出"剖面视图"属性管理器，如图 8-28 所示。拖动光标到适当的位置，放置剖面视图。生成的剖面视图如图 8-29 所示。

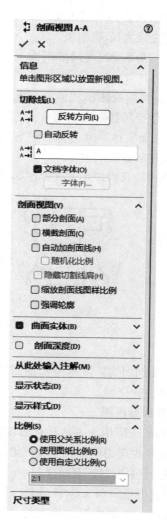

图 8-27 "剖面视图辅助"属性管理器　　　　图 8-28 "剖面视图"属性管理器

2. 剖面视图属性

在工程图中生成剖面视图，或选择现有剖面视图时，会出现如图 8-28 所示的"剖面视图"属性管理器。其各选项的含义如下：

➢ "切除线"选项板：

➡️ （反转方向）选项：选择以反转切除的方向。

$\overset{A \cdot \cdot}{A \cdot}$（标号）选项：编辑与剖面线或剖面视图相关的字母。

"文档字体"：欲为剖面线标号选择文件字体以外的字体。选择字体时，消除文件字体，然后单击字体即可。如果更改剖面线标号字体，可将新的字体应用到剖面视图名称。

➢ "剖面视图"选项板：

"部分剖面"复选框：如果剖面线没完全穿过视图，提示信息会提示剖面线小于视图几何体，并提示是否使之成为局部剖切。

➢ 是：剖面视图为局部剖面视图，复选框被选择。

➢ 否：剖面视图出现但没切除。可以后选择此复选框来生成局部剖面视图。

"显示曲面实体"复选框：只有被剖面线切除的曲面出现在剖面视图中。

剖面视图的几种显示方式如图 8-30 所示。

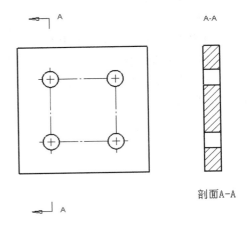

图 8-29　剖面视图

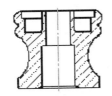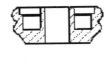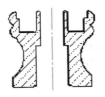

完整剖面视图　　　　　局部剖面视图　　　　　只显示曲面

图 8-30　剖面视图显示方式

"自动加剖面线"复选框：剖面线样式在装配体中的零部件之间交替，或在多实体零件的实体和焊件之间交替。

3. 对齐剖面视图

对齐剖面视图用来表达具有回转轴的机件内部形状。其与剖面视图所不同的是对齐剖面视图的剖切线至少应由两条连续线段组成，且这两条线段具有一个夹角。

【例 8-8】生成对齐剖面视图。

1）打开电子资料文件中 / 源文件 / 第 8 章 / 例 8-8-1 文件。

2）单击"工程图"面板上的"剖面视图"按钮，或在菜单栏中选择"插入"→"工程图视图"→"剖面视图"命令。弹出"剖面视图辅助"属性管理器，在"切割线"选项中单击"对齐"按钮。

3）根据需要绘制与回转轴重合的剖切线。

4）移动光标，显示视图预览。系统默认视图与所选择中心线或直线生成的剖切线箭头方向对齐。当视图位于所需位置时单击，以放置视图。

生成的对齐剖面视图如图 8-31 所示，高亮显示的视图显示了剖切线、方向箭头和标号。

8.3 操纵视图

在派生工程视图中，许多视图的生成位置和角度都受到其他条件的限制（如辅助视图的位置与参考边线相垂直），有时需要用户调节视图的位置和角度以及显示和隐藏，SOLIDWORKS 就提供了这项功能。此外，SOLIDWORKS 还可以更改工程图中的线型、线条颜色等。

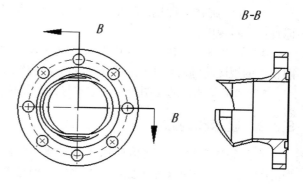

图 8-31　生成的对齐剖面视图

8.3.1　移动和旋转视图

1. 移动视图

光标移到视图边界上时，光标变为 形状，表示可以拖动该视图。如果移动的视图与其他视图没有对齐或约束关系，则可以拖动它到任意的位置。

【例 8-9】当视图与其他视图之间有对齐或约束关系时任意移动视图。

1）打开例 8-5 创建的工程图。单击要移动的视图。

2）在菜单栏中选择"工具"→"对齐工程图视图"→"解除对齐关系"命令。

3）单击该视图，即可拖动它到任意位置。

2. 旋转视图

SOLIDWORKS 提供了两种旋转视图的方法：一种是绕所选边线旋转视图，另一种是绕视图中心点以任意角度旋转视图。

绕边线旋转视图的操作步骤如下：

1）在工程图中选择一条直线。

2）在菜单栏中选择"工具"→"对齐工程图视图"→"水平边线"或"工具"→"对齐视图"→"竖直边线"命令。

3）此时视图会旋转，直到所选边线为水平或竖直状态，如图 8-32 所示。

绕中心点旋转视图的操作步骤如下：

1）选择要旋转的工程视图。

2）单击"视图"工具栏中的"旋转视图"按钮 ，系统弹出"旋转工程视图"对话框，如图 8-33 所示。

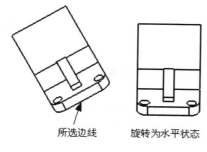

所选边线　　旋转为水平状态

图 8-32　旋转视图

图 8-33　"旋转工程视图"对话框

3）在"旋转工程视图"对话框中的"工程视图角度"文本框中输入旋转的角度。使用光标直接旋转视图。

4）如果在"旋转工程视图"对话框中勾选"相关视图反映新的方向"复选框，则与该视图相关的视图将随着该视图的旋转做相应的旋转。

5）如果勾选"随视图旋转中心符号线"复选框，则中心符号线将随视图一起旋转。

8.3.2　显示和隐藏

在编辑工程图时，可以使用"隐藏视图"命令来隐藏一个视图。隐藏视图后，可以使用"显示视图"命令再次显示此视图。当用户隐藏了具有从属视图（如局部、剖面或辅助视图等）的父视图时，可以选择是否一并隐藏这些从属视图。再次显示父视图或其中一个从属视图时，同样可选择是否显示相关的其他视图。

【例 8-10】隐藏或显示视图。

1）打开例 8-6 中创建的工程图。在设计树或图形区域中右击要隐藏的视图。

2）在弹出的快捷菜单中选择"隐藏"命令。如果该视图有从属视图（局部、剖面视图等），则会弹出询问对话框提示信息，如图 8-34 所示。

3）单击"是"按钮，将会隐藏其从属视图。单击"否"按钮将只隐藏该视图。此时，视图被隐藏起来。当光标移动到该视图的位置时，将只显示该视图的边界。

4）如果要查看工程图中隐藏视图的位置，但不显示它们，则在菜单栏中选择"视图"→"隐藏 / 显示"→"被隐藏视图"命令。此时被隐藏的视图显示如图 8-35 所示的形状。

5）如果要再次显示被隐藏的视图，则右击被隐藏的视图，在弹出的快捷菜单中选择命令"显示"。

图 8-34　提示信息

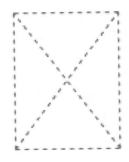

图 8-35　被隐藏的视图

8.3.3　更改零部件的线型

在装配体中为了区别不同的零件，可以改变每一个零件边线的线型。

【例 8-11】改变零件边线的线型。

1）打开工程图。打开例 8-6 中创建的工程图，在工程图中右击要改变线型的视图。

2）在弹出的快捷菜单中选择"零部件线型"命令，系统弹出"零部件线型"对话框。

3）取消选择"使用文档默认值"复选框，如图 8-36 所示。

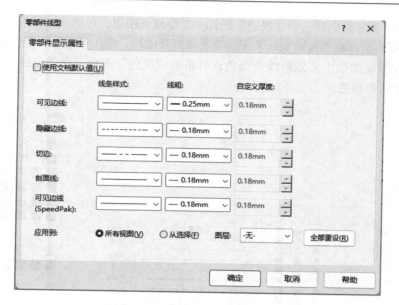

图 8-36 "零部件线型"对话框

4）在"边线类型"列表框中选择一个边线样式。

5）在对应的"线条样式"和"线粗"下拉列表中选择线条样式和线条粗细。

6）重复步骤4）、5），直到为所有边线类型设定了线型。

7）如果勾选"应用到"栏中的"从选择"单选按钮，则会将此边线类型设定应用到该零件视图和它的从属视图中。

8）如果勾选"所有视图"单选按钮，则将此边线类型设定应用到该零件的所有视图。

9）如果零件在图层中，可以从"图层"下拉列表中改变零件边线的图层。

10）单击"确定"按钮，关闭对话框，应用边线类型设定完毕。

8.3.4 图层

图层是一种管理素材的方法，可以将图层看作是重叠在一起的透明塑料纸，假如某一图层上没有任何可视元素，就可以透过该图层看到下一图层的图像。用户可以在每个图层上生成新的实体，然后指定实体的颜色、线条粗细和线型。还可以将标注尺寸、注解等项目放置在单一图层上，避免它们与工程图实体之间的干涉。SOLIDWORKS 还可以隐藏图层，或将实体从一个图层上移动到另一图层。

【例 8-12】建立图层。

1）新建工程图。在菜单栏中选择"视图"→"工具栏"→"图层"命令，打开"图层"工具栏，如图 8-37 所示。

2）单击"图层属性"按钮 ，打开"图层"对话框。

3）在"图层"对话框中单击"新建"按钮，则在对话框中建立一个新的图层，如图 8-38 所示。

4）在"名称"栏中指定图层的名称。

5）双击"说明"栏，然后输入该图层的说明文字。

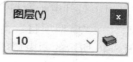

图 8-37 "图层"工具栏

6）在"开 / 关"栏中有一个"眼睛"图标，要隐藏该图层，可单击该图标，使眼睛变为灰色，图层上的所有实体就都被隐藏起来了。要重新打开图层，再次单击该眼睛图标即可。

7）如果要指定图层上实体的线条颜色，可单击"颜色"图标，在弹出的"颜色"对话框（见图 8-39）中选择颜色。

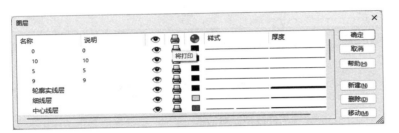

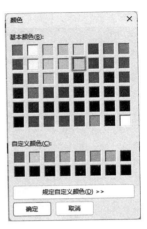

图 8-38　"图层"对话框　　　　　　　图 8-39　"颜色"对话框

8）如果要指定图层上实体的线条样式或厚度，则单击"样式"或"厚度"栏，然后从弹出的清单中选择想要的样式或厚度。

9）如果建立了多个图层，可以使用"移动"按钮来重新排列图层的顺序。

10）单击"确定"按钮，关闭对话框。

建立了多个图层后，只要在图层工具栏中的图层下拉列表中选择图层，就可以导航到任意的图层。

8.4　标注工程视图

工程图绘制完以后，只有在工程视图中标注了尺寸公差、形位公差、表面粗糙度符号及技术要求等，才能算是一张完整的工程视图。

8.4.1　插入模型尺寸

SOLIDWORKS 工程视图中的尺寸标注是与模型中的尺寸相关联的，模型尺寸的改变会导致工程图中尺寸的改变。同样，工程图中尺寸的改变会导致模型尺寸的改变。

【例 8-13】在打开的工程图中插入模型尺寸。

1）打开电子资料文件中 / 源文件 / 第 8 章 / 例 8-11-1 文件，执行命令。在菜单栏中选择"插入"→"模型项目"命令，或者单击"注解"选项卡中的"模型项目"按钮。系统弹出如图 8-40 所示的"模型项目"属性管理器。

2）设置属性管理器。此时，"尺寸"设置框中的"为工程图标注" 一项自动被选中。如果只将尺寸插入到指定的视图中，可取消勾选"将项目输入到所有视图"复选框，然后在工程图中选择需要插入尺寸的视图。此时，"来源 / 目标"设置框如图 8-41 所示，自动显示"目标视图"栏。

图 8-40 "模型项目"属性管理器

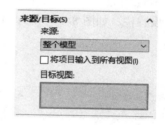

图 8-41 "来源 / 目标"设置框

3）确认插入的模型尺寸。单击"模型项目"属性管理器中的"确定"按钮 ✓，完成模型尺寸的标注。图 8-42 所示为插入模型尺寸并调整尺寸位置后的工程图。

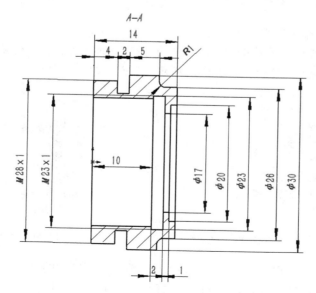

图 8-42 插入模型尺寸并调整尺寸位置后的工程图

 注意：

插入模型项目时，系统会自动将模型尺寸或者其他注解插入到工程图中。当模型特征很多时，插入的模型尺寸会显得很乱，所以在建立模型时需要注意以下几点：

1）因为只有在模型中定义的尺寸才能插入到工程图中，所以在创建模型特征时要养成良好的习惯，并且使草图处于完全定义状态。

2）在绘制模型特征草图时，要仔细地设置草图尺寸的位置，这样可以减少尺寸插入到工程图后调整尺寸的时间。

8.4.2 修改尺寸属性

对插入工程图中的尺寸，可以进行一些属性修改，如添加尺寸公差、改变箭头的显示样式及在尺寸上添加文字等。

单击工程视图中某一个需要修改的尺寸，系统弹出"尺寸"属性管理器。在该管理器中用来修改尺寸属性的通常有 3 个设置栏，分别是："公差/精度"设置栏，如图 8-43 所示；"标注尺寸文字"设置栏，如图 8-44 所示；"尺寸界线/引线显示"设置栏，如图 8-45 所示。

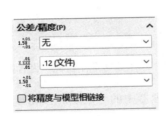

图 8-43 "公差/精度"设置栏

图 8-44 "标注尺寸文字"设置栏

修改尺寸属性的操作步骤如下：

1）修改尺寸属性的公差和精度。尺寸的公差有 10 种类型，在"公差/精度"设置栏中的"公差类型"下拉列表即可显示，如图 8-46 所示。下面介绍几个主要公差类型的显示方式。

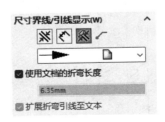

图 8-45 "尺寸界线/引线显示"设置栏

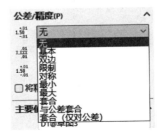

图 8-46 公差类型

① "无"显示类型。以模型中的尺寸显示插入到工程视图中的尺寸，如图 8-47 所示。

② "基本"显示类型。以标准值方式显示标注的尺寸，为尺寸加一个方框，如图 8-48 所示。

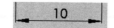

图 8-47 "无"显示类型

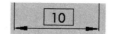

图 8-48 "基本"显示类型

③ "双边"显示类型。以双边方式显示标注尺寸的公差，如图 8-49 所示。

④ "对称"显示类型。以限制方式显示标注尺寸的公差，如图 8-50 所示。

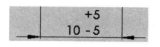

图 8-49 "双边"显示类型

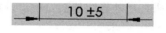

图 8-50 "对称"显示类型

2）修改尺寸属性的标注尺寸文字。使用"标注尺寸文字"设置栏，可以在系统默认的尺寸上添加文字和符号，也可以修改系统默认的尺寸。

设置栏中的 <DIM> 是系统默认的尺寸，如果将其删除，可以修改系统默认的标注尺寸。将光标移到 <DIM> 前面或者后面，可以添加需要的文字和符号。

单击设置栏下面的"更多符号"按钮 ，系统弹出如图 8-51 所示的"符号图库"对话框。在对话框中选择需要的标注符号，然后单击"确定"按钮，符号添加完毕。

图 8-52 所示为添加文字和符号后的"标注尺寸文字"设置栏，图 8-53 所示为添加文字和符号前的尺寸，图 8-54 所示为添加文字和符号后的尺寸。

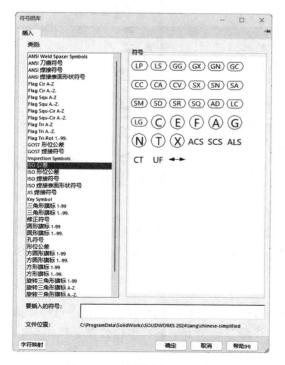

图 8-51 "符号图库"对话框

图 8-52 添加文字和符号后的"标注尺寸文字"设置栏

图 8-53　添加文字和符号前的尺寸

图 8-54　添加文字和符号后的尺寸

3）修改尺寸属性的箭头位置及样式。使用"尺寸界线/引线显示"设置框，可以设置标注尺寸的箭头位置和箭头样式。

箭头位置有 3 种形式：

> 箭头在尺寸界线外面：单击设置框中的"外面"按钮，箭头在尺寸界线外面显示，如图 8-55 所示。

> 箭头在尺寸界线里面：单击设置框中的"里面"按钮，箭头在尺寸界线里面显示，如图 8-56 所示。

> 智能确定箭头的位置：单击设置框中的"智能"按钮，系统根据尺寸线的情况自动判断箭头的位置。

图 8-55　箭头在尺寸界线的外面

图 8-56　箭头在尺寸界线的里面

箭头有 13 种标注样式，可以根据需要进行设置。打开设置框中的"样式"下拉列表，如图 8-57 所示，可选择需要的标注样式。

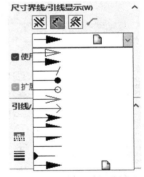

图 8-57　箭头标注样式选项

注意：

本节介绍的设置箭头样式只是对工程图中选中的标注进行修改，并不能修改全部标注的箭头样式。如果要修改整个工程图中的箭头样式，可在菜单栏中选择"工具"→"选项"命令，在系统弹出的对话框"尺寸"选项中进行设置。

设置框中的 <DIM> 是系统默认的尺寸，如果将其删除，可以修改系统默认的标注尺寸。将光标移到 <DIM> 前面或者后面，可以添加需要的文字和符号。

8.4.3　标注形位公差[⊖]

为了满足设计和加工需要，需要在工程视图中添加形位公差，形位公差包括代号、公差值及原则等内容。SOLIDWORKS 支持 ANSI Y14.5 Geometric and True Position Tolerancing（ANSI Y14.5 几何和实际位置公差）准则。

【例 8-14】标注形位公差。

1）打开电子资料文件中 / 源文件 / 第 8 章 / 例 8-11 文件，执行命令。在菜单栏中选择"插入"→"注解"→"形位公差"命令，或者单击"注解"选项卡中的"形位公差"按钮，执行标注形位公差命令。

⊖　形位公差 = 几何公差（因为软件中均用形位公差）。

2）系统弹出如图 8-58 所示的"形位公差"属性管理器。

3）在"形位公差"中的"引线"栏选择标注的引线样式。

4）在视图中选择要放置形位公差的位置即引线的起点，继续移动光标到适当位置单击指定引线终点，系统弹出"公差符号"面板，如图 8-59 所示，在其中选择需要的形位公差符号，弹出"公差"对话框，输入公差值，如图 8-60 所示。单击"添加基准"按钮，弹出"Datum"对话框，在其中选择需要的符号或者输入基准，如图 8-61 所示，单击"新添"按钮可以继续添加其他基准符号。

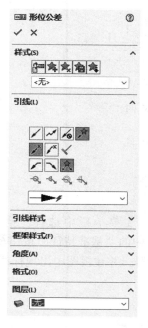

图 8-58 "形位公差"属性管理器

图 8-59 "公差符号"面板

图 8-60 "公差"对话框

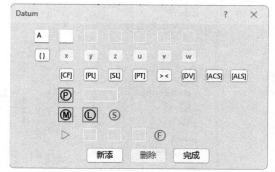

图 8-61 "Datum"对话框

5）放置形位公差。单击"公差"对话框或"Datum"对话框中的"完成"按钮，完成形位公差的设置。

如图 8-62 所示为标注形位公差的工程图。

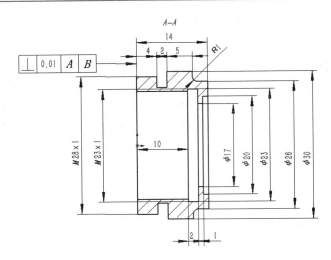

图 8-62 标注形位公差的工程图

8.4.4 标注基准特征符号

有些形位公差需要有参考基准特征，需要指定公差基准。

【例 8-15】标注基准特征符号。

1）打开例 8-14 中创建的如图 8-62 所示的工程图，在菜单栏中选择"插入"→"注解"→"基准特征符号"命令，或者单击"注解"选项卡中的"基准特征"按钮 A，执行标注基准特征符号命令。此时系统弹出"基准特征"属性管理器，并在视图中出现标注基准特征符号的预览效果，如图 8-63 所示。

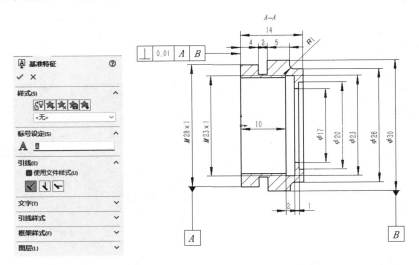

图 8-63 标注"基准特征"

2）设置基准特征。在"基准特征"属性管理器中修改标注的基准特征。

3）确认设置的基准特征。在视图中需要标注的位置放置基准特征符号，然后单击"基准特征"属性管理器中的"确定"按钮 ✓，完成标注，如图 8-63 所示。

如果要编辑基准面符号，双击基准面符号，在弹出的"基准特征"属性管理器中修改即可。

8.4.5　标注表面粗糙度符号

表面粗糙度表示的是零件表面加工的程度，因此必须选择工程图中的实体边线才能标注表面粗糙度符号。

【例 8-16】标注表面粗糙度符号。

1）打开上例中创建的工程图。在菜单栏中选择"插入"→"注解"→"表面粗糙度符号"命令，或者单击"注解"选项卡中的"表面粗糙度符号"按钮√，执行标注表面粗糙度符号命令。此时系统弹出"表面粗糙度"属性管理器。

2）设置标注符号。单击"符号"设置框中的"要求切削加工"按钮√，在"符号布局"设置框中的"抽样长度"栏中输入值 *Ra* 3.2，如图 8-64 所示。

3）标注符号。选取要标注表面粗糙度符号的实体边缘位置，然后单击确认。

4）旋转标注。在"角度"设置框中的"角度"栏中输入 90，或者单击"旋转 90 度"按钮，将标注的表面粗糙度符号旋转 90º，然后单击，确认标注的位置，如图 8-65 所示。

5）单击"表面粗糙度"属性管理器中的"确定"按钮✔，表面粗糙度符号标注完毕。

图 8-64　"表面粗糙度"属性管理器

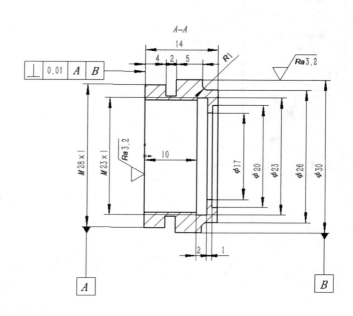

图 8-65　标注表面粗糙度符号后的工程图

SOLIDWORKS 2024 中文版快速入门实例教程

8.4.6 标注其他注解

在工程视图中，除了前面介绍的标注类型外，还有其他注解，如零件序号、装饰螺纹线、中心线、几何公差、孔标注、注释、焊接符号等。本节主要介绍添加注释和中心线的操作方法，其他与此类似，不再赘述。

1. 添加注释

【例 8-17】以添加技术要求为例，说明添加注释的操作步骤。

1）打开例 8-16 中创建的工程图。在菜单栏中选择"插入"→"注解"→"注释"命令，或者单击"注解"选项卡中的"注释"按钮 **A**，执行标注注释命令，系统弹出"注释"属性管理器，如图 8-66 所示。

2）设置标注属性。在"注释"属性管理器中单击"引线"设置框中的"无引线"按钮，然后在视图中合适的位置单击，确定添加注释的位置。

3）添加注释文字。在系统弹出如图 8-67 所示的"格式化"对话框中设置需要的字体和字号后输入需要的注释文字。

4）确认添加的注释文字。单击"注释"属性管理器中的"确定"按钮，注释文字添加完毕。

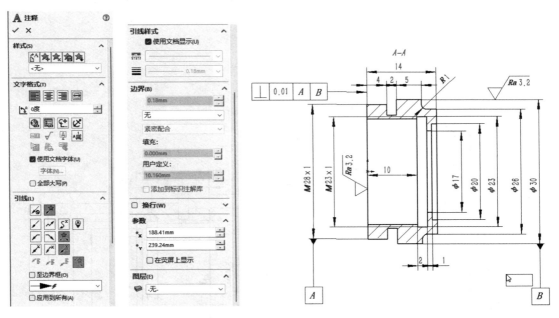

图 8-66 "注释"属性管理器

图 8-67 "格式化"对话框

2. 添加中心线

中心线常应用在旋转类零件工程视图中。本节将以添加如图 8-68 所示工程视图的中心线为例说明添加中心线的操作步骤。

1）执行命令。在菜单栏中选择"插入"→"注解"→"中心线"命令，或者单击"注解"选项卡中的"中心线"按钮 ⊟，执行添加中心线命令。系统弹出如图 8-69 所示的"中心线"属性管理器。

2）设置标注属性。单击图 8-68 中的边线 1 和边线 2，添加中心线，结果如图 8-70 所示。

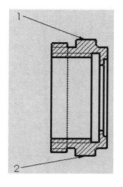

图 8-68　需要添加中心线的工程视图

图 8-69　"中心线"属性管理器

3）调节中心线长度。单击添加的中心线，然后拖动中心线的端点，将其调节到合适的长度，结果如图 8-71 所示。

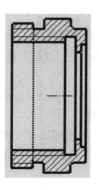

图 8-70　添加中心线后的视图

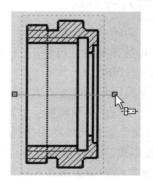

图 8-71　调节中心线长度后的视图

图 8-72 所示为一幅完整的工程图。

 注意：

在添加中心线时，如果添加对象是旋转面，直接选择即可；如果投影视图中只有两条边线，选择两条边线即可。

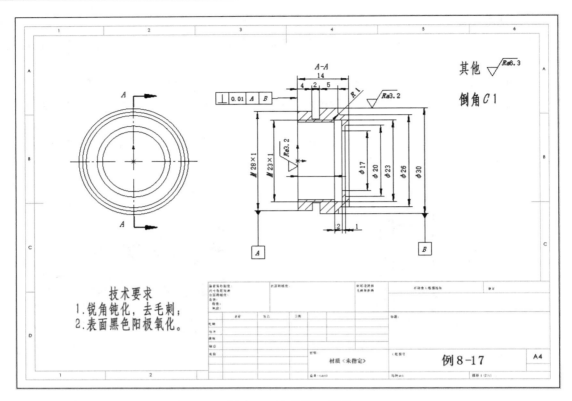

图 8-72　完整的工程图

8.4.7　尺寸对齐方式

无论是手动还是自动标注尺寸，如果尺寸放置不当，会使图纸看起来非常紊乱，不利于读图。通过尺寸对齐关系，可以适当设置尺寸间的距离或者共线，使工程图中的尺寸排列整齐，增加工程图的美观度。

工程图中的尺寸对齐方式有两种，分别是平行 / 同心对齐方式与共线 / 径向对齐方式。

在对齐尺寸前，必须调整尺寸对齐的间距，调整间距的步骤如下：

1）执行命令。在菜单栏中选择"工具"→"选项"命令，系统弹出"文档属性"对话框。

2）设置距离。选择该对话框中的"文档属性"选项卡，然后单击"尺寸"选项，在右侧的"等距距离"栏中输入所需要的距离值，如图 8-73 所示。

1. 平行 / 同心对齐方式

在工程视图中，可以以相同的间距将所选线性、径向或角度尺寸以阶层方式对齐，但是所选尺寸必须为同一类型。图 8-74a 所示为对齐前的线性尺寸，图 8-74b 所示为对齐后的线性尺寸。

平行 / 同心对齐方式的操作步骤如下：

1）打开电子资料文件中 / 源文件 / 第 8 章 / 例 8-15-1 文件，选择尺寸。按住 Ctrl 键，选择图 8-74a 中的 3 个线性尺寸。

2）执行命令。在菜单栏中选择"工具"→"尺寸"→"平行 / 同心对齐"命令。

3）调整尺寸位置。拖动设置后的尺寸，将其放置到设置的位置。

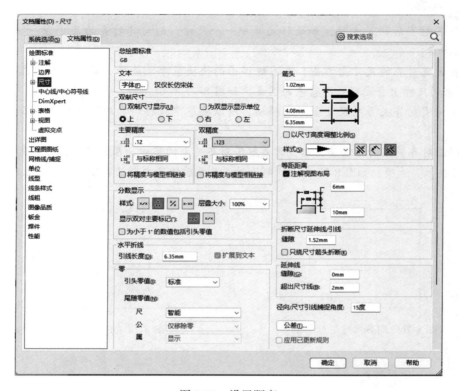

图 8-73　设置距离

2. 共线 / 径向对齐方式

在工程视图中，可以将所选的多个线性、径向或角度尺寸在同一直线方向或者半径的圆弧上对齐，但是所选尺寸必须为同一类型。图 8-75a 所示为对齐前的线性尺寸，图 8-75b 所示为对齐后的线性尺寸。

共线 / 径向对齐方式的操作步骤如下：

1）选择尺寸。按住 Ctrl 键，选择图 8-75a 中的 3 个线性尺寸。

2）执行命令。在菜单栏中选择"工具"→"标注尺寸"→"共线 / 径向对齐"命令。

3）调整尺寸位置。拖动设置后的尺寸，将其放置到设置的位置。

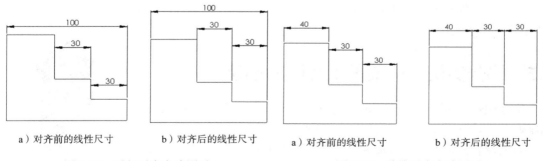

a）对齐前的线性尺寸　　　b）对齐后的线性尺寸　　　　a）对齐前的线性尺寸　　　b）对齐后的线性尺寸

图 8-74　平行对齐方式图示　　　　　　　　图 8-75　共线对齐方式图示

 注意：

1）设置对齐后的尺寸时，如果移动其中一个尺寸，则与其对齐的尺寸会一起跟着移动。如图 8-76 所示。

2）在设定对齐的尺寸上右击，在系统弹出的快捷菜单上选择"显示对齐"选项，则与其有对齐关系的尺寸上会出现一个蓝色的圆点，如图 8-77 所示。

3）因为有对齐关系的尺寸会一起移动，所以要想单独移动其中一个尺寸，必须解除对齐关系。

4）解除对齐关系的方法是，右击需要解除对齐关系的尺寸，在系统弹出的快捷菜单中选择"解除对齐关系"选项，如图 8-78 所示。解除对齐关系后的尺寸可以单独移动，如图 8-79 所示。

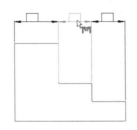

图 8-76　对齐尺寸一起移动

图 8-77　有对齐关系的尺寸

图 8-78　系统快捷菜单

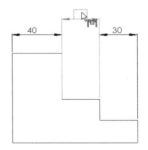

图 8-79　解除对齐关系后的尺寸单独移动

8.5　综合实例——前盖工程图的创建

本实例是将如图 8-80 所示的前盖零件图转化为工程图。为了更好地掌握工程图的生成方法，这里设计了工程图实例。

首先设置图纸，然后放置视图，调整视图并标注尺寸，标注表面粗糙度符号，添加基准符号和形位公差，完成前盖视图的绘制。绘制

图 8-80　前盖零件图

前盖工程视图的操作流程如图 8-81 所示。

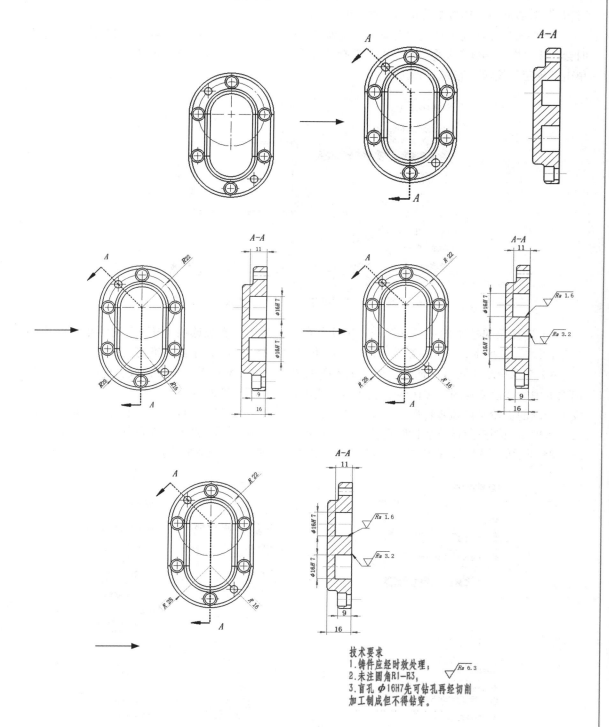

图 8-81　绘制前盖工程视图的操作流程

1）创建视图。进入 SOLIDWORKS，在菜单栏中选择"文件"→"打开"命令，在弹出的"打开"对话框中选择将要转化为工程图的"齿轮泵前盖"零件文件。

2）单击快速访问工具栏"新建"下拉列表中的"从零件 / 装配体制作工程图"按钮，此时会弹出"图纸格式 / 大小"对话框，选择"标准图纸大小"并设置图纸尺寸，如图 8-82 所示。单击"确定"按钮，完成图纸设置。

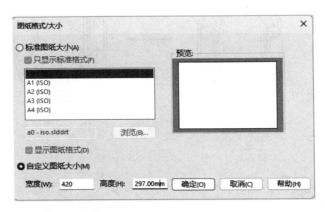

图 8-82 "图纸格式 / 大小"对话框

3）选择菜单栏中的"工具"→"选项"命令，弹出"系统选项 - 普通"对话框，切换到"文档属性"选项卡，在"总绘图标准"下拉列表中选择"GB"，单击"确定"按钮。

4）在菜单栏中选择"插入"→"工程图视图"→"模型视图"命令，或者单击"工程图"选项卡中的"模型视图"按钮，会出现"模型视图"属性管理器，如图 8-83 所示。选择要生成工程图的齿轮泵前盖零件图。选择完成后，单击"模型视图"中的"下一步"按钮，这时会进入模型视图参数设置属性管理器，设置参数如图 8-84 所示。此时在图形编辑窗口会出现如图 8-85 所示的放置框，在图纸中适当的位置放置主视图，如图 8-86 所示。

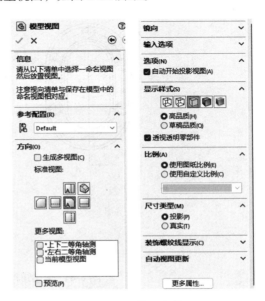

图 8-83 "模型视图"属性管理器 　　　　　　　图 8-84 设置参数

5）单击"视图布局"选项卡中的"剖面视图"按钮 ⮂，打开"剖面视图"属性管理器，在"切割线"栏中选择"对齐"选项 ⚏，在主视图上放置切割线，如图 8-87 所示，单击"确定"按钮 ✓，弹出"剖面视图 A-A"属性管理器，如图 8-87 所示，单击"反转方向"按钮，生成剖视图，移动光标，在主视图的左侧适当位置单击，放置剖视图，结果如图 8-88 所示。

6）单击"注解"选项卡中的"中心符号线"按钮 ⊕ 和"中心线"按钮 ⊟，在主视图中绘制中心线，如图 8-89 所示。

7）标注基本尺寸。在菜单栏中选择"工具"→"标注尺寸"→"智能尺寸"命令，或者选择"草图"选项卡中的"智能尺寸"按钮 ♦，标注视图中的尺寸，结果如图 8-90 所示。

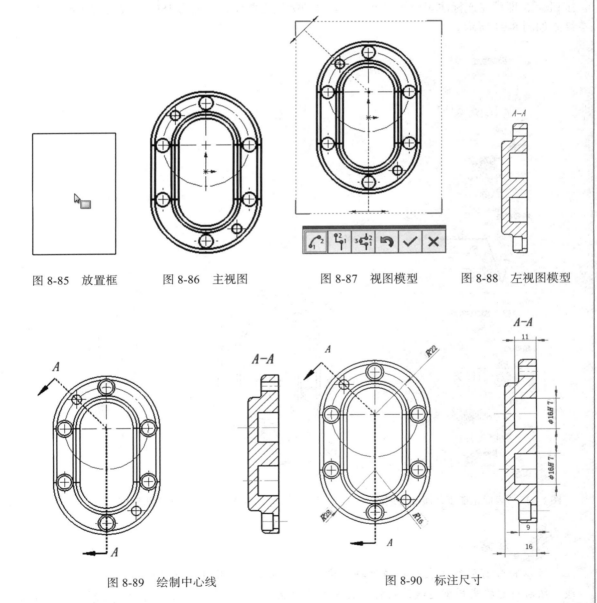

图 8-85　放置框　　　图 8-86　主视图　　　　图 8-87　视图模型　　　图 8-88　左视图模型

图 8-89　绘制中心线　　　　　　　　　图 8-90　标注尺寸

8）标注表面粗糙度。单击"注解"选项卡中的"表面粗糙度符号"按钮 √，出现"表面

粗糙度"属性管理器，在属性管理器中设置各参数，如图 8-91 所示。

 注意：

在添加或修改尺寸时，需要先单击要标注尺寸的几何体。当在模型周围移动光标时，会显示尺寸的预览。根据光标相对于附加点的位置，系统将自动捕捉适当的尺寸类型（水平、竖直、线性、径向等）。当预览到所需的尺寸类型时，可通过右击来锁定此类型，然后单击以放置尺寸。

9）设置完成后，移动光标到需要标注表面粗糙度的位置，单击属性管理器中的"确定"按钮 ✔，即可完成标注表面粗糙度。下表面的标注需要设置角度为 180°。标注表面粗糙度的结果如图 8-92 所示。

图 8-91 "表面粗糙度"属性管理器

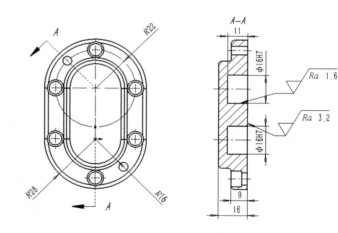

图 8-92 标注表面粗糙度

 注意：

可以将带有引线的表面粗糙度符号拖到任意位置。如果将没有引线的符号附加到一条边线，然后将它拖离模型边线，则将生成一条延伸线。若想使表面粗糙度符号锁定到边线，可从除最底部控标以外的任何地方拖动符号。

10）选择视图中的所有尺寸，如图 8-93 所示。在"尺寸"属性管理器中的"尺寸界线 / 引线显示"设置栏中选择实心箭头，如图 8-94 所示。单击"确定"按钮，修改尺寸后的视图如图 8-95 所示。

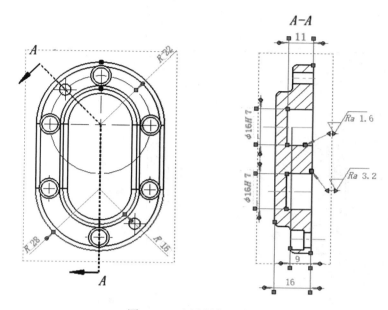

图 8-93　选择所有尺寸

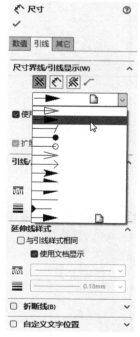

图 8-94　"尺寸界线 / 引线显示"设置栏

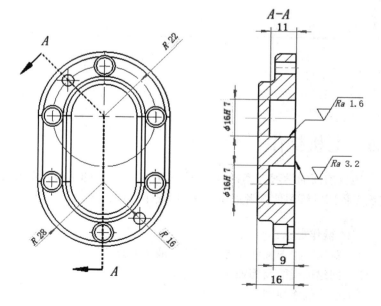

图 8-95　修改尺寸属性

11）单击"注解"选项卡中的"注释"按钮 **A**，或在菜单栏中选择"插入"→"注解"→"注释"命令，为工程图添加注释部分，如图 8-96 所示。至此，前盖工程图创建完成。

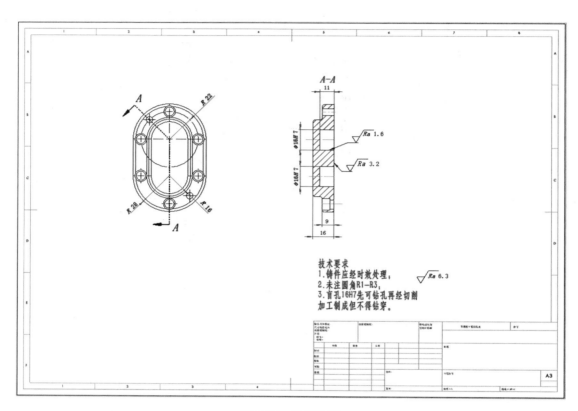

图 8-96　添加注释

8.6　上机操作

通过前面的学习，读者对本章知识已有了大致的了解。本节将通过如图 8-97 所示的液压前缸盖工程图的练习使读者进一步掌握本章的知识要点。

操作提示：

1）新建工程图文件并导入零件"液压前缸盖"。

2）创建正视图及等轴测视图。

3）创建剖面视图。

4）显示标注尺寸。

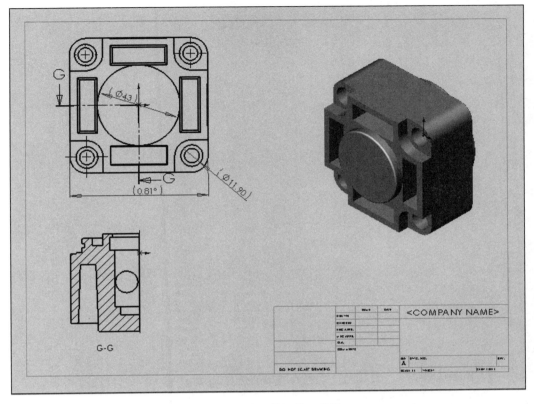

图 8-97　液压前缸盖工程图